小5算数を
ひとつひとつわかりやすく。

［改訂版］

Gakken

JN048028

☺ ひとつひとつわかりやすく。シリーズとは

やさしい言葉で要点しっかり！

難しい用語をできるだけ使わずに，イラストとわかりやすい文章で解説しています。
算数が苦手な人や，ほかの参考書は少し難しいと感じる人でも，無理なく学習できます。

ひとつひとつ，解くからわかる！

解説ページを読んだあとは，ポイントをおさえた問題で，理解した内容をしっかり定着できます。
テストの点数アップはもちろん，算数の基礎力がしっかり身につきます。

やりきれるから，自信がつく！

1回分はたったの2ページ。
約10分で負担感なく取り組めるので，初めての自主学習にもおすすめです。

☺ この本の使い方

1回10分，読む→解く→わかる！

1回分の学習は2ページです。毎日少しずつ学習を進めましょう。

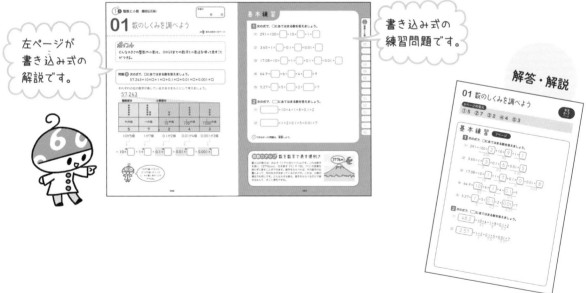

左ページが
書き込み式の
解説です。

書き込み式の
練習問題です。

解答・解説

答え合わせもかんたん・わかりやすい！

解答は本体に軽くのりづけしてあるので，ひっぱって取り外してください。
問題とセットで答えが印刷してあるので，ひとりで答え合わせができます。

復習テストで，テストの点数アップ！

各分野の最後に，これまで学習した内容を確認するための「復習テスト」があります。

😊 学習のスケジュールも、ひとつひとつチャレンジ!

まずは次回の学習予定を決めて記入しよう!

1日の学習が終わったら，もくじページにシールをはりましょう。
また，次回の学習予定日を決めて記入してみましょう。

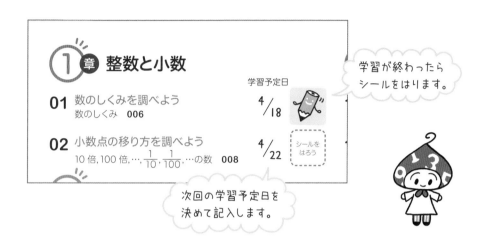

カレンダーや手帳で，さらに先の学習計画を立ててみよう!

おうちのカレンダーや自分の手帳にシールをはりながら，まずは1週間ずつ学習スケジュールを立ててみましょう。
それができたら，次は月ごとのスケジュールを立ててみましょう。

😊 みなさんへ

小学5年の算数は，分数のたし算・ひき算，図形の角など，これまで学んできたことの発展となる内容が多くなります。4年生までに学んだ内容を使いこなす必要があり，ぐっと難しくなります。その一方で，6年生や中学校の数学の基礎になるような新しい内容や用語もたくさん登場し，算数に苦手意識をもちはじめる人も少なくありません。
この本では，学校で習う内容の中でも特に大切なところを，図解を使いながらやさしいことばで説明し，かんたんな穴うめをすることで，概念や解き方をしっかり理解することができます。
みなさんがこの本で学ぶことで，「算数っておもしろい」「問題が解けるって楽しい」と思ってもらえれば，とてもうれしいです。

もくじ 小5算数

次回の学習日を決めて，書き込もう。
1回の学習が終わったら，巻頭のシールをはろう。

わかる君を探してみよう！

この本にはちょっと変わったわかる君が全部で
9つかくれています。学習を進めながら探して
みてくださいね。

色や大きさは，上の絵とちがうことがあるよ！

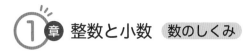

学習日

月　　　日

01 数のしくみを調べよう

→ 答えは別さつ2ページ

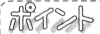

どんな大きさの整数や小数も，0から9までの数字と小数点を使って表すことができる。

問題1 次の式で，□にあてはまる数を答えましょう。

$$57.243 = 10 \times \square + 1 \times \square + 0.1 \times \square + 0.01 \times \square + 0.001 \times \square$$

それぞれの位の数字が表している大きさをもとにして考えましょう。

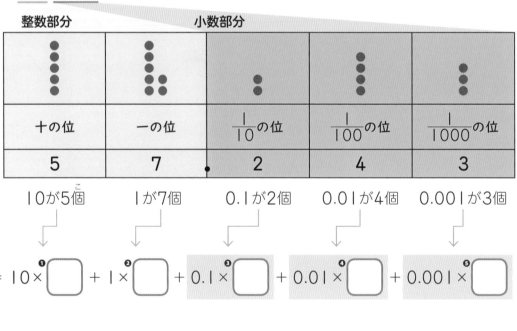

$$= 10 \times \boxed{}^{①} + 1 \times \boxed{}^{②} + 0.1 \times \boxed{}^{③} + 0.01 \times \boxed{}^{④} + 0.001 \times \boxed{}^{⑤}$$

10が5個→10×5，
0.1が2個→0.1×2
と，かけ算に表すことが
できるね。

基本練習

1 次の式で，□にあてはまる数を答えましょう。

(1) $291 = 100 \times \boxed{} + 10 \times \boxed{} + 1 \times \boxed{}$

(2) $3.65 = 1 \times \boxed{} + 0.1 \times \boxed{} + 0.01 \times \boxed{}$

(3) $17.08 = 10 \times \boxed{} + 1 \times \boxed{} + 0.1 \times \boxed{} + 0.01 \times \boxed{}$

(4) $64.9 = \boxed{} \times 6 + \boxed{} \times 4 + \boxed{} \times 9$

(5) $5.27 = \boxed{} \times 5 + \boxed{} \times 2 + \boxed{} \times 7$

2 次の式で，□にあてはまる数を答えましょう。

(1) $\boxed{} = 10 \times 4 + 1 \times 8 + 0.1 \times 2$

(2) $\boxed{} = 1 \times 2 + 0.1 \times 5 + 0.01 \times 7$

😊 できなかった問題は，復習しよう。

算数力アップ　数を数字で表す便利さ

富士山の高さは，およそ「三千七百七十六」mです。これは数字を使い，「3776」mと，位を表す「千」や「百」，「十」の言葉を使わずに表すことができます。数字をならべれば，その数字の位置によって，何の位かが決まってくるためです。これは，小数の場合でも同じです。どんな大きな数も，数字をならべるだけで表せるなんて，すごく便利ですね。

学習日

月　　　日

02 小数点の移り方を調べよう

→ 答えは別さつ2ページ

ポイント

● 整数や小数を10倍，100倍，…すると，
小数点は右へ，それぞれ1けた，2けた，…移る。

● 整数や小数を，$\frac{1}{10}$，$\frac{1}{100}$，…にすると，
小数点は左へ，それぞれ1けた，2けた，…移る。

問題 ❶ 6.81を10倍，100倍，1000倍した数を答えましょう。

小数点は右へ，それぞれ何けた移るか考えましょう。

【位】	千	百	十	一	$\frac{1}{10}$	$\frac{1}{100}$
				6	8	1
10倍			6	8	1	
100倍		6	8	1		
1000倍	6	8	1	0		

6.81

10倍　6 8.1　　…1けた移る。

100倍　6 8 1.　　…2けた移る。

1000倍　❶ [　　　　]　…❷ [　] けた移る。

問題 ❷ 724を，$\frac{1}{10}$，$\frac{1}{100}$，$\frac{1}{1000}$にした数を答えましょう。

小数点は左へ，それぞれ何けた移るか考えましょう。

【位】	百	十	一	$\frac{1}{10}$	$\frac{1}{100}$	$\frac{1}{1000}$
	7	2	4			
$\frac{1}{100}$　$\frac{1}{10}$		7	2	4		
$\frac{1}{1000}$			7	2	4	
			0	7	2	4

7 2 4

$\frac{1}{10}$　7 2.4　　…1けた移る。

$\frac{1}{100}$　7.2 4　　…2けた移る。

$\frac{1}{1000}$　❸ [　　　　]　…❹ [　] けた移る。

基本練習

1 次の数を10倍，100倍，1000倍した数を答えましょう。

(1) 5.714

(2) 0.08

10倍 [　　　　　]　　　　10倍 [　　　　　]

100倍 [　　　　　]　　　　100倍 [　　　　　]

1000倍 [　　　　　]　　　　1000倍 [　　　　　]

2 次の数を $\frac{1}{10}$，$\frac{1}{100}$，$\frac{1}{1000}$ にした数を答えましょう。

(1) 40.6

(2) 13

$\frac{1}{10}$ [　　　　　]　　　　$\frac{1}{10}$ [　　　　　]

$\frac{1}{100}$ [　　　　　]　　　　$\frac{1}{100}$ [　　　　　]

$\frac{1}{1000}$ [　　　　　]　　　　$\frac{1}{1000}$ [　　　　　]

3 次の数は，28.4を何倍，または何分の一にした数ですか。

(1) 284

(2) 2840

[　　　　　]　　　　　　　　[　　　　　]

(3) 0.284

(4) 0.0284

[　　　　　]　　　　　　　　[　　　　　]

☺ できなかった問題は，復習しよう。

学習日

月　　日

03 小数をかける計算を考えよう

→ 答えは別さつ2ページ

問題 ❶ 30×2.4の計算のしかたを考えて，積を求めましょう。

30×2.4の計算は，2.4を10倍して，30×24の整数のかけ算をもとにして計算できます。

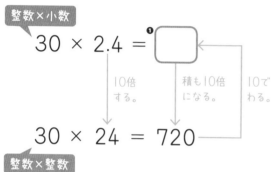

整数×小数

$30 × 2.4 = $❶□

10倍する。　積も10倍になる。　10でわる。

$30 × 24 = 720$

整数×整数

❶　まず，30×24を計算する。

❷　2.4を10倍すると，

かけ算の性質

積も❷□倍になるから，

30×24の積を❸□でわれば，

30×2.4の積が求められる。

問題 ❷ 1.6×2.7の計算のしかたを考えて，積を求めましょう。

1.6×2.7の計算は，1.6と2.7の両方を10倍して，16×27の整数のかけ算をもとにして計算できます。

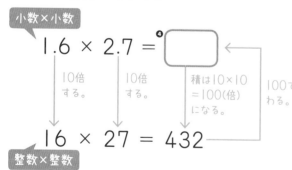

小数×小数

$1.6 × 2.7 = $❹□

10倍する。　10倍する。　積は10×10=100(倍)になる。　100でわる。

$16 × 27 = 432$

整数×整数

❶　まず，16×27を計算する。

❷　1.6と2.7の両方を10倍すると，

積は❺□倍になるから，

16×27の積を❻□でわれば，

1.6×2.7の積が求められる。

整数×小数も，小数×小数も，10倍や100倍すれば，整数のかけ算をもとにして，計算できるんだね。

1 1.36×5.3の計算をします。◯にあてはまる数を書きましょう。

1.36を [ ] 倍，5.3を [ ] 倍して，136×53を計算すると，

136×53=7208

7208を [ ] でわって，

1.36×5.3= [ ]

2 次の◯にあてはまる数を書きましょう。

(1) $13×0.2=13×2÷$ [ ]

$=$ [ ] $÷$ [ ] $=$ [ ]

(2) $2.6×0.5=26×5÷$ [ ]

$=$ [ ] $÷$ [ ] $=$ [ ]

3 次の計算をしましょう。

(1) $9×0.6$

(2) $30×0.7$

(3) $0.8×0.4$

(4) $4.2×0.03$

できなかった問題は，復習しよう。

04 小数のかけ算を筆算でしよう

→ 答えは別さつ2ページ

問題 ①　3.26×7.8を筆算でしましょう。

小数のかけ算の筆算は，小数点がないものとして計算し，最後に積の小数点をうちます。

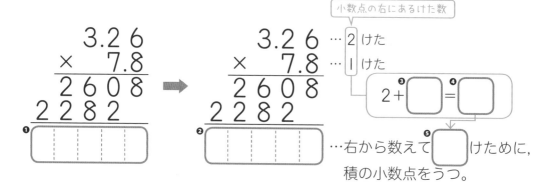

$3.26 × 7.8 =$ □

↓100倍 ↓10倍 ↓1000倍　1000でわる。

$326 × 78 =$ □

❶　小数点がないものとして計算する。

❷　積の小数点は，かけられる数とかける数の小数点の右にあるけた数の和だけ，右から数えてうつ。

```
    3.26
  ×  7.8
   2608
  2282
❶ □
```
→
```
    3.26
  ×  7.8
   2608
  2282
❷ □
```

… 小数点の右にあるけた数

3.26　… ②けた
7.8　… ①けた

$2 + $ ❸□ $ = $ ❹□

…右から数えて ❺□ けために，積の小数点をうつ。

問題 ②　次の計算を筆算でしましょう。

　　(1)　4.32×2.5　　　　(2)　0.16×1.4

積の0のあつかいに注意しましょう。

(1)
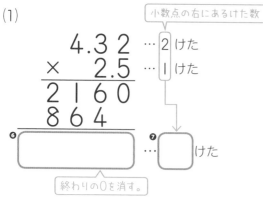

```
    4.32
  ×  2.5
   2160
  864
❻ □
```
… 小数点の右にあるけた数

4.32　… ②けた
2.5　… ①けた

❼□ …けた

終わりの0を消す。

(2)
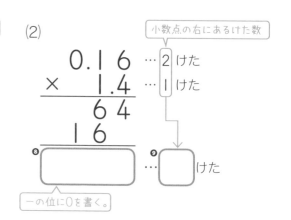

```
    0.16
  ×  1.4
    64
   16
❽ □
```
… 小数点の右にあるけた数

0.16　… ②けた
1.4　… ①けた

❾□ …けた

一の位に0を書く。

1 次の計算をしましょう。

(1)
$$\begin{array}{r} 27 \\ \times\ 2.6 \\ \hline \end{array}$$

(2)
$$\begin{array}{r} 5.2 \\ \times\ 3.9 \\ \hline \end{array}$$

(3)
$$\begin{array}{r} 28.6 \\ \times\ 0.32 \\ \hline \end{array}$$

(4)
$$\begin{array}{r} 7.13 \\ \times\ 4.7 \\ \hline \end{array}$$

(5)
$$\begin{array}{r} 864 \\ \times\ 9.1 \\ \hline \end{array}$$

(6)
$$\begin{array}{r} 9.75 \\ \times\ 6.4 \\ \hline \end{array}$$

(7)
$$\begin{array}{r} 0.26 \\ \times\ 1.2 \\ \hline \end{array}$$

(8)
$$\begin{array}{r} 0.15 \\ \times\ 0.34 \\ \hline \end{array}$$

☺ できなかった問題は，復習しよう。

05 くふうして計算しよう

→ 答えは別さつ3ページ

ポイント

小数のかけ算でも，右の計算のきまりを利用して，くふうして計算することができる。

⑦　■×●＝●×■

④　（■×●）×▲＝■×（●×▲）

⑦　（■＋●）×▲＝■×▲＋●×▲

④　（■−●）×▲＝■×▲−●×▲

問題 1 計算のきまりを利用して，くふうして計算しましょう。

(1) 7.9×4×2.5

(2) 9.8×2

(1) 4×2.5＝10なので，上の計算のきまりの④を利用します。

④　（■×●）×▲＝■×（●×▲）

$$7.9 \times 4 \times 2.5 = 7.9 \times \left(\fbox{❶} \times \fbox{❷} \right)$$

（　）の中を先に計算する。

$$= 7.9 \times \fbox{❸} = \fbox{❹}$$

1や10など，計算しやすい数がつくれないか考えよう！

(2) 9.8＝10−0.2と考えて，上の計算のきまりの④を利用します。

④　（■−●）×▲＝■×▲−●×▲

$$9.8 \times 2 = \left(10 - \fbox{❺} \right) \times 2 = \fbox{❻} \times 2 - \fbox{❼} \times 2$$

9.8を（■−●）の形に。

$$= \fbox{❽} - \fbox{❾}$$

$$= \fbox{❿}$$

基本練習

1 計算のきまりを利用して，くふうして計算します。▢にあてはまる数を書きましょう。

(1) $3.2 \times 1.6 + 1.8 \times 1.6 = \left(3.2 + \boxed{}\right) \times 1.6$

$$= \boxed{} \times 1.6 = \boxed{}$$

(2) $15.2 \times 0.4 = \left(15 + \boxed{}\right) \times 0.4$

$$= 15 \times \boxed{} + \boxed{} \times 0.4 = \boxed{}$$

2 計算のきまりを利用して，くふうして計算しましょう。

(1) $1.9 \times 2.5 \times 4$

(2) $13.5 \times 6.8 - 3.5 \times 6.8$

できなかった問題は，復習しよう。

算数力アップ 辺の長さが小数の図形の面積は？

辺の長さが小数で表されていても，面積の公式はそのまま使えます。

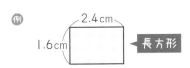

例 長方形

長方形の面積＝たて×横だから，面積は，$1.6 \times 2.4 = 3.84$（cm²）

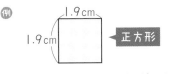

例 正方形

正方形の面積＝1辺×1辺だから，面積は，$1.9 \times 1.9 = 3.61$（cm²）

学習日

月　　日

06 小数の倍とかけ算を考えよう

→ 答えは別さつ3ページ

問題 1 赤のテープの長さは5m，青のテープの長さは4mです。
　(1)　赤のテープの長さは，青のテープの長さの何倍ですか。
　(2)　青のテープの長さは，赤のテープの長さの何倍ですか。

何倍かは，比べられる大きさ÷もとにする大きさで求められます。

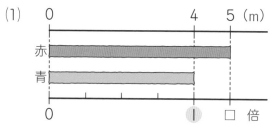

(1) もとにする大きさは，青のテープの長さ4mだから，

❶□ ÷ ❷□ = ❸□ （倍）
↑
4mを1とみると，5mは1.25にあたる。

(2) もとにする大きさは，赤のテープの長さ5mだから，

❹□ ÷ ❺□ = ❻□ （倍）
↑
5mを1とみると，4mは0.8にあたる。

問題 2 青のテープの長さは4mです。黄のテープの長さは，青のテープの長さの1.5倍です。黄のテープの長さは何mですか。

倍を表す数が小数のときも，何倍かにあたる大きさはかけ算で求められます。

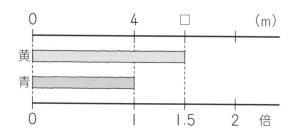

黄のテープの長さは，もとにする青のテープの長さ4mの1.5倍だから，

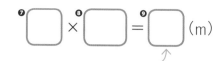

❼□ × ❽□ = ❾□ （m）
↑
4mを1とみたとき，1.5にあたる長さが6mということ。

1 **右の表は，㋐と㋑の花だんの面積を表したものです。**

花だんの面積

	面積（m²）
㋐	8
㋑	20

(1) ㋑の花だんの面積は，㋐の花だんの面積の何倍ですか。

〔　　　　　〕

(2) ㋐の花だんの面積は，㋑の花だんの面積の何倍ですか。

〔　　　　　〕

(3) 次の◯にあてはまる数を書きましょう。

㋐の花だんの面積を1とみると，㋑の花だんの面積は ◻ にあたり，

㋑の花だんの面積を1とみると，㋐の花だんの面積は ◻ にあたります。

2 **お茶が3Lあります。ジュースの量はお茶の1.2倍，牛にゅうの量はお茶の0.7倍あります。**

(1) ジュースは何Lありますか。

〔　　　　　〕

(2) 牛にゅうは何Lありますか。

〔　　　　　〕

(3) 次の◯にあてはまる数を書きましょう。

お茶の量3Lを1とみたとき，0.7にあたる量は ◻ Lです。

😊 できなかった問題は，復習しよう。

07 小数でわる計算を考えよう

→ 答えは別さつ3ページ

問題 1 96÷2.4の計算のしかたを考えて，商を求めましょう。

わり算では，右のように，**わられる数とわる数に同じ数をかけても，商は等しくなります。**
この性質を使って，96と2.4をそれぞれ10倍し，わる数を整数にして計算することができます。

わられる数　　わる数　　　商
　↓　　　　　↓　　　　↓
　6　÷　2　＝　3 ←
　↓×2　　　↓×2　　　　　　等しい
　12　÷　4　＝　3 ←

整数÷小数 → 96　÷　2.4 ＝ ❶[　]
　　　　　❷↓×[　]　❸↓×[　]　　　等しい
整数÷整数 → 960　÷　24 ＝ ❹[　]

```
       40
  24)960
     96
      0
```

問題 2 3.64÷2.6の計算のしかたを考えて，商を求めましょう。

わり算の性質を使って，3.64と2.6をそれぞれ10倍し，わる数を整数にして計算することができます。

小数÷小数 → 3.64　÷　2.6 ＝ ❺[　]
　　　　　❻↓×[　]　❼↓×[　]　　　等しい
小数÷整数 → ❽[　]　÷　26 ＝ ❾[　]

```
        1.4
  26)36.4
     26
    104
    104
      0
```

わる数を整数にすれば，「整数÷整数」や「小数÷整数」になるから，計算できるね。

018

基本練習

1 9.45÷4.5の計算をします。◯にあてはまる数を書きましょう。

わる数を整数にするため，9.45と4.5の両方を □ 倍して

計算すると，

$$\boxed{} \div 45 = 2.1$$

したがって，9.45÷4.5＝ □

2 次の◯にあてはまる数を書きましょう。

(1)　$8 \div 0.2 = (8 \times 10) \div \left(0.2 \times \boxed{}\right)$

$$= \boxed{} \div \boxed{} = \boxed{}$$

(2)　$4.2 \div 0.06 = \left(4.2 \times \boxed{}\right) \div (0.06 \times 100)$

$$= \boxed{} \div \boxed{} = \boxed{}$$

3 次の計算をしましょう。

(1)　$9 \div 0.3$

(2)　$56 \div 0.7$

(3)　$3.2 \div 0.4$

(4)　$8.4 \div 0.02$

😊 できなかった問題は，復習しよう。

08 小数のわり算を筆算でしよう

➡ 答えは別さつ3ページ

問題① 9.12÷3.8を筆算でしましょう。

9.12と3.8の両方を10倍して，わる数を整数にして計算します。

❶　わる数の小数点を右に1けた移して，整数になおす。

❷　わられる数の小数点も，わる数と同じく，右に1けた移す。

❸　わる数が整数のときと同じように計算し，右に移したわられる数の小数点にそろえて，商の小数点をうつ。

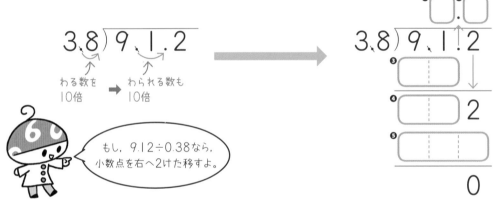

もし，9.12÷0.38なら，小数点を右へ2けた移すよ。

問題② 2.1÷8.4を，わりきれるまで筆算でしましょう。

商がたたないときは0を書き，あまりが出ないように0をつけたしてわり進めます。

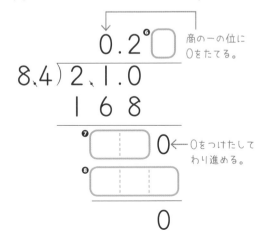

❶　8.4と2.1の小数点を右に1けた移し，わる数を整数になおす。

❷　21＜84なので，商の一の位に0をたてて計算を進める。

❸　あまりが出たら，わられる数の右に0をつけたしてわり進める。

1 わりきれるまで計算しましょう。

(1)

$$2.9\overline{)4.6\,4}$$

(2)

$$0.3\,7\overline{)9.2\,5}$$

(3)

$$4.5\overline{)8.1\,9}$$

(4)

$$1.7\,2\overline{)6\,0.2}$$

(5)

$$7.6\overline{)1.9}$$

(6)

$$2.8\overline{)2\,1}$$

😊 できなかった問題は，復習しよう。

09 小数のわり算のあまりと商を考えよう

→ 答えは別さつ4ページ

問題 1 7.4Lの水を，2.4Lずつびんに分けて入れます。2.4L入りのびんは何本できて，何Lあまりますか。

式は，7.4÷2.4です。びんの本数を求めるので，商は ❶ ⬜ の位まで求めます。

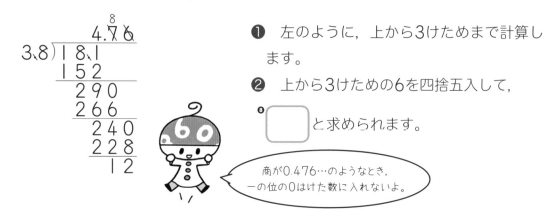

$$2.4\overline{)7.4}$$

3

72

→2

0.1が2個あるということ。

$$2.4\overline{)7.4}$$

3

❷ ⬜.2

72

あまりの小数点は，わられる数のもとの小数点にそろえてうつ。

（答え）　2.4L入りのびんは，❸ ⬜ 本できて，❹ ⬜ Lあまる。

わる数×商＋あまり＝わられる数　の式を使って検算すると，

❺ ⬜ × ❻ ⬜ ＋ ❼ ⬜ ＝7.4　となり，答えが正しいとわかります。

わる数　　商　　あまり

問題 2 18.1÷3.8の商を四捨五入して，上から2けたのがい数で求めましょう。

商を上から3けためまで求め，その数を四捨五入してがい数にします。

$$3.8\overline{)18.1}$$

4.76

152

290

266

240

228

12

❶ 左のように，上から3けためまで計算します。

❷ 上から3けための6を四捨五入して，

❽ ⬜ と求められます。

商が0.476…のようなとき，一の位の0はけた数に入れないよ。

022

1 商は一の位まで求め，あまりも出しましょう。

(1)

$$3.2 \overline{)30.4}$$

(2)

$$1.9 \overline{)56}$$

〔　　　　　　　　〕　　〔　　　　　　　　〕

2 商は四捨五入して，上から2けたのがい数で求めましょう。

(1)

$$4.7 \overline{)9.16}$$

(2)

$$8.2 \overline{)7.1}$$

〔　　　　　　　　〕　　〔　　　　　　　　〕

😊 できなかった問題は，復習しよう。

算数力アップ 商がいちばん大きいのは？

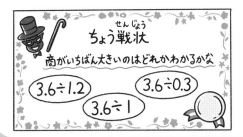

せんじょう
ちょう戦状
商がいちばん大きいのはどれかわかるかな
3.6÷1.2　　3.6÷0.3
3.6÷1

左の問題は，実際に計算しなくても，次のことからわかります。
● わる数<1のとき，商>わられる数
● わる数＝1のとき，商＝わられる数
● わる数>1のとき，商<わられる数
わる数が1より小さいのは0.3なので，3.6÷0.3の商がいちばん大きいといえます。

学習日

月　　　日

10 小数の倍とわり算を考えよう

➡ 答えは別さつ4ページ

問題❶ 青のリボンの長さは3.6mで，白のリボンの長さは2.4mです。
青のリボンの長さは，白のリボンの長さの何倍ですか。

小数のときでも，何倍かは，**比べられる大きさ÷もとにする大きさ**で求められます。

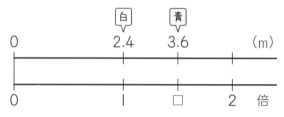

もとにする大きさは，白のリボンの
長さだから，

2.4mを1とみると，3.6mは1.5にあたる。

問題❷ 青のリボンの長さは3.6mで，赤のリボンの長さの0.8倍です。
赤のリボンの長さは何mですか。

赤のリボンの長さを□mとして，青と赤のリボンの長さの関係をかけ算の式に表し，
□にあてはまる数を求めます。

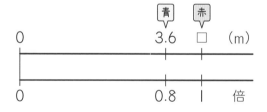

□を1とみたとき，0.8にあたる長さ
が3.6mだから，かけ算の式に表すと，

$$□ × \boxed{}^{❹} = \boxed{}^{❺}$$

□にあてはまる数は，わり算で求められ
ます。

$$□ = \boxed{}^{❻} ÷ \boxed{}^{❼}$$

$$= \boxed{}^{❽}$$

もとにする大きさを
求めるときは，
□を使ってかけ算の
式に表すと，
考えやすくなるね。

答えは，$\boxed{}^{❾}$ m

024

基本練習

1 家から駅までの道のりは3.5km，家から公園までの道のりは1.4kmです。

(1) 家から駅までの道のりは，家から公園までの道のりの何倍ですか。

〔　　　　　〕

(2) 家から公園までの道のりは，家から駅までの道のりの何倍ですか。

〔　　　　　〕

(3) 家から駅までの道のりを1とみると，家から公園までの道のりはいくつにあたりますか。

〔　　　　　〕

2 大山トンネルの長さは9kmで，小川トンネルの長さの1.2倍です。
小川トンネルの長さは何kmですか。

〔　　　　　〕

😊 できなかった問題は，復習しよう。

復習テスト①

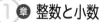1章 整数と小数　2章 小数のかけ算　3章 小数のわり算

1

次の◯にあてはまる数を答えましょう。　　　　　　　　　　　【各4点　計32点】

(1) $86.01 = 10 \times \boxed{ア} + 1 \times \boxed{イ} + 0.1 \times \boxed{ウ} + 0.01 \times \boxed{エ}$

ア〔　　　　〕　イ〔　　　　〕　ウ〔　　　　〕　エ〔　　　　〕

(2) 5.29を10倍した数は $\boxed{ア}$，1000倍した数は $\boxed{イ}$ です。

ア〔　　　　　　〕　イ〔　　　　　　〕

(3) 74.6を $\dfrac{1}{100}$ にした数は $\boxed{ア}$，$\dfrac{1}{1000}$ にした数は $\boxed{イ}$ です。

ア〔　　　　　　〕　イ〔　　　　　　〕

2

次の計算をしましょう。わり算は，わりきれるまで計算しましょう。

【各5点　計30点】

(1)
$$\begin{array}{r} 4.7 \\ \times\ 6.3 \\ \hline \end{array}$$

(2)
$$\begin{array}{r} 8.25 \\ \times\ \ 5.2 \\ \hline \end{array}$$

(3)
$$\begin{array}{r} 0.12 \\ \times 0.45 \\ \hline \end{array}$$

(4)
$$1.3\,)\overline{6.24}$$

(5)
$$7.2\,)\overline{4.68}$$

(6)
$$2.4\,)\overline{18}$$

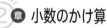

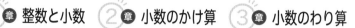

答えは別さつ13ページ

学習日	得点
月　　日	／100点

3 (1), (2)の商は一の位まで求めて，あまりも出しましょう。(3)の商は四捨五入して，上から2けたのがい数で求めましょう。 【各5点　計15点】

(1)

$3.6\overline{)7.5}$

(2)

$8.2\overline{)270}$

(3)

$5.4\overline{)8.95}$

4 くふうして計算しましょう。 【各5点　計10点】

(1) $5.6 \times 0.25 \times 4$

(2) 9.8×3

5 まさきさんの体重は35kgで，お父さんの体重はまさきさんの体重の1.8倍です。お父さんの体重は何kgですか。 【6点】

〔　　　　　　　〕

6 A市の面積は17.5km²で，B市の面積の1.4倍です。B市の面積は何km²ですか。 【7点】

〔　　　　　　　〕

11 直方体や立方体のかさを表そう

→ 答えは別さつ4ページ

ポイント

直方体や立方体の体積(かさ)は，
次の公式を使って求められる。

直方体の体積＝たて×横×高さ

立方体の体積＝I辺×I辺×I辺

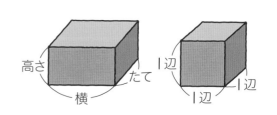

問題❶ 右の直方体と立方体の体積を求めましょう。

(1) 3cm 4cm 6cm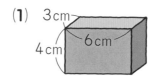

(2) 4cm 4cm 4cm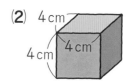

I辺がIcmの立方体の体積をIcm³(I立方センチメートル)といい，直方体や立方体の体積は，Icm³の立方体の何個分あるかで表します。

Icm³の立方体が何個あるかを求めるには，たて，横，高さの3つの辺の長さを表す数をかければ求められます。

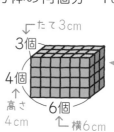

たて3cm
3個
4個
6個
高さ 4cm
横6cm

立方体の数は，
3×6×4
＝72(個)

(1)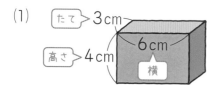
たて 3cm
高さ 4cm
6cm
横

たてが3cm，横が6cm，高さが4cmだから，体積は，

❶□ × ❷□ × ❸□ ＝ ❹□ (cm³)
↑たて ↑横 ↑高さ

(2)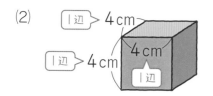
I辺 4cm
I辺 4cm
4cm
I辺

I辺の長さが4cmだから，体積は，

❺□ × ❻□ × ❼□ ＝ ❽□ (cm³)
↑I辺 ↑I辺 ↑I辺

基本練習

1 次の図のような直方体や立方体の体積を求めましょう。

(1)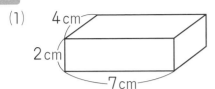
4 cm
2 cm
7 cm

(2)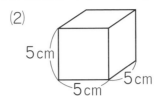
5 cm
5 cm
5 cm

[　　　　　　　]　　　　　　　　[　　　　　　　]

2 右の図のような直方体の体積を求めます。

(1) 高さは何cmですか。

[　　　　　　　]

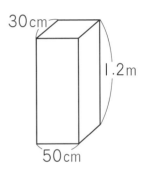
30 cm
1.2 m
50 cm

(2) この直方体の体積は何cm³ですか。

[　　　　　　　]

(◡‿◡) できなかった問題は，復習しよう。

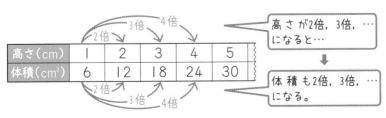

算数力アップ 高さが変わると体積はどうなる？

右の図のように，直方体のたてと横の長さを変えずに，高さを1cm，2cm，…と変えると，体積は下の表のように増えていきます。

高さ（cm）	1	2	3	4	5
体積（cm³）	6	12	18	24	30

2倍　3倍　4倍

高さが2倍，3倍，…になると…

⬇

体積も2倍，3倍，…になる。

1cm
2cm
3cm

このとき，「体積は高さに比例する」といいます。

12 いろいろな体積を求めよう

→ 答えは別さつ4ページ

ポイント

1辺が1mの立方体の体積を1m³（1立方メートル）といい，大きなものの体積は，1m³を単位にする。

$$1m³ = 1000000 cm³$$

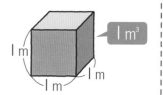

問題❶ たてが2.4m，横が4m，高さが2mの直方体の体積は何m³ですか。

1m³の立方体を単位にするので，辺の長さの単位をmのまま，体積の公式にあてはめて求めることができます。

辺の長さが小数で表されていても，公式が使えるよ。

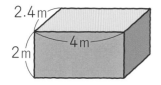

たてが2.4m，横が4m，高さが2mだから，体積は，

❶ [　] × ❷ [　] × ❸ [　] = ❹ [　] （m³）
　　↑たて　　　↑横　　　↑高さ

問題❷ 右の水そうの容積は何cm³ですか。
また，何Lですか。

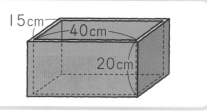

入れ物にいっぱいに入る水などの体積を，その入れ物の**容積**といいます。
水そうの内側の長さ（内のり）は，たてが15cm，横が40cm，深さ（高さ）が20cm

だから，水そうの容積は，❺ [　] × ❻ [　] × ❼ [　] = ❽ [　] （cm³）
　　　　　　　　　　　　↑たて　　↑横　　　↑深さ（高さ）

また，1L=1000cm³だから，水そうの容積は，❾ [　] L

基本練習

1 次の図のような立方体と直方体の体積は，それぞれ何m³ですか。

(1)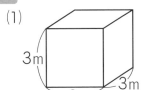

3m
3m
3m

(2)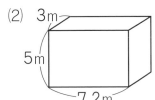

3m
5m
7.2m

〔　　　　　　　〕　　　　　　〔　　　　　　　〕

2 厚さが1cmの板で，右のような直方体の形をした入れ物を作りました。この入れ物の容積を求めます。

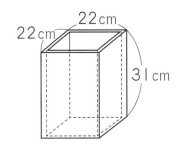

22cm
22cm
31cm

(1) 内のりのたて，横，深さは，それぞれ何cmですか。

たて〔　　　　　　〕　　横〔　　　　　　　〕

深さ〔　　　　　　〕

(2) この入れ物の容積は何cm³ですか。

〔　　　　　　　〕

(3) この入れ物の容積は何Lですか。

〔　　　　　　　〕

できなかった問題は，復習しよう。

13 くふうして体積を求めよう

→ 答えは別さつ5ページ

問題 ①　右の図のような形の体積を求めましょう。

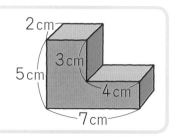

体積の公式が使える，直方体や立方体の形をもとにして考えれば求めることができます。

解き方1　下の図のように，あとⒾの2つの直方体に分けて求めます。

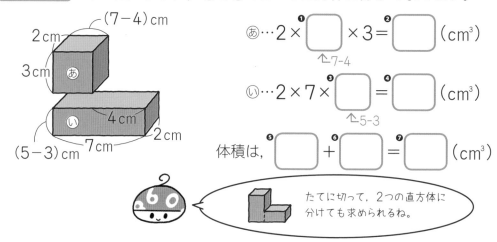

あ…$2 \times \boxed{}^{❶} \times 3 = \boxed{}^{❷}$（cm³）
　　　　↑7-4

Ⓘ…$2 \times 7 \times \boxed{}^{❸} = \boxed{}^{❹}$（cm³）
　　　　　　↑5-3

体積は，$\boxed{}^{❺} + \boxed{}^{❻} = \boxed{}^{❼}$（cm³）

たてに切って，2つの直方体に
分けても求められるね。

解き方2　下の図のように，へこんだⒸの部分をおぎなって大きな直方体をつくり，そこからⒸの部分をひいて求めます。

大きな直方体…$2 \times \boxed{}^{❽} \times 5 = \boxed{}^{❾}$（cm³）

Ⓒ…$2 \times \boxed{}^{❿} \times 3 = \boxed{}^{⓫}$（cm³）

体積は，$\boxed{}^{⓬} - \boxed{}^{⓭} = \boxed{}^{⓮}$（cm³）
　　　　　↑　　　　↑
　　　大きな直方体　　Ⓒ

1 下の図のような形の体積を求めましょう。

(1)

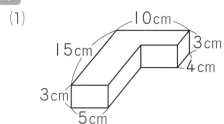

[　　　　　　　]

(2)

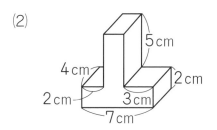

[　　　　　　　]

(3)

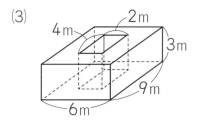

[　　　　　　　]

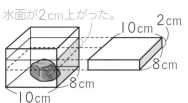 できなかった問題は，復習しよう。

算数力アップ **石の体積も求められるの？**

石のような不規則な形をしたものの体積は，水を使って求めることができます。

水面が2cm上がった。

左のように，水を入れた水そうに石をしずめます。このとき，石の体積分だけ水面が上がるので，その体積を求めれば，石の体積が求められます。

➡石の体積は，8×10×2＝160（cm³）

学習日
月　　　日

14 形も大きさも同じ図形を調べよう

→ 答えは別さつ5ページ

ポイント

● ぴったり重ね合わすことのできる2つの図形は、
合同であるという。

● 合同な図形では、対応する辺の長さや角の
大きさは等しくなっている。
↑重なり合う

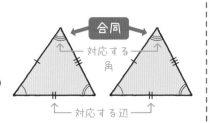

問題 ❶ 右の㋐と㋑の四角形は合同です。

次の問題に答えましょう。

(1) 辺EFの長さは何cmですか。

(2) 角Gの大きさは何度ですか。

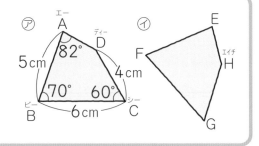

下の図のように、㋑の四角形を、㋐と同じ向きにして考えるとよいです。

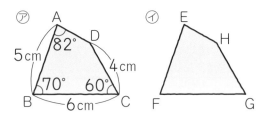

(1) 辺EFは辺 ❶□ に対応しています。

対応する辺の長さは等しいから、

辺EFの長さは ❷□ cmです。

(2) 角Gは角 ❸□ に対応しています。

対応する角の大きさは等しいから、

角Gの大きさは ❹□° です。

うら返すとぴったり
重ね合わすことの
できる2つの図形も、
合同であるというよ。

1 下の図で，合同な図形はどれとどれですか。すべて見つけて，記号で答えましょう。

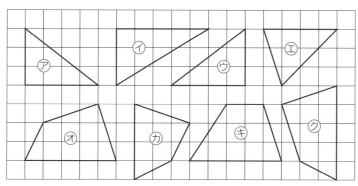

[　 　]

2 右の2つの三角形は合同です。次の問題に答えましょう。

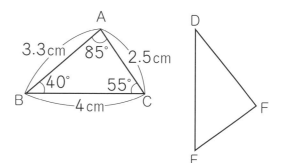

(1) 辺EFの長さは何cmですか。

[　 　]

(2) 角Dの大きさは何度ですか。

[　 　]

☺ できなかった問題は，復習しよう。

算数力アップ 四角形を対角線で切った形は合同？

四角形を対角線で切ったとき，できた三角形が合同か調べてみましょう。

●1本の対角線で切ったとき

合同	合同	合同	合同	合同でない
正方形	長方形	平行四辺形	ひし形	台形

●2本の対角線で切ったとき

すべて合同　　合同な三角形が2組　　すべて合同でない

正方形　ひし形　長方形　平行四辺形　台形

15 合同な三角形をかこう

→ 答えは別さつ5ページ

問題❶ 右の三角形と合同な三角形を，⑦～⑦の辺や角
を使い，3通りのかき方でかきましょう。

⑦　3つの辺の長さ
⑦　辺BC，辺BAの長さと角Bの大きさ
⑦　辺BCの長さと角B，角Cの大きさ

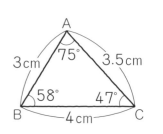

⑦でかく

点B，Cを中心に円をかく。

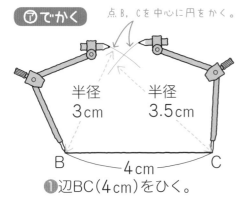

半径
3cm

半径
3.5cm

❶辺BC（4cm）をひく。

②点Bを中心に
半径 ❶◻cmの
円，点Cを中心
に半径3.5cmの
円をかく。

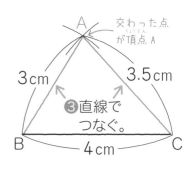

交わった点
が頂点A

3cm　3.5cm

❸直線で
つなぐ。

まず，下の図のように，
❶辺BC（4cm）をひき，
❷58°の角をかきます。
そして，それぞれ右のよう
にして，頂点Aを決めます。

❷58°の角

❶4cmの辺

⑦でかく

❷辺◻の
長さを使って
かきます。

❸頂点Bから
❸◻cmの
点をとる。

頂点Aに
なる。

❹頂点AとCを直線でつなぐ。

⑦でかく

❹角◻の
大きさを使っ
てかきます。

この交わった
点が頂点A

❸◻°の
角をかく。

1 次の三角形を ⬜ にかきましょう。

(1) 2つの辺の長さが3cm，5cm で，その間の角の大きさが30°の 三角形

(2) 1つの辺の長さが3.5cmで，そ の両はしの角の大きさが40°， 70°の三角形

(3) 3つの辺の長さが6cm，3cm，4.5cmの三角形

😊 できなかった問題は，復習しよう。

算数力アップ 角だけで合同な三角形はかける？

3つの角の大きさを使って三角形をかいても，辺の長さが同じになるとは限らないので，いつも合同な三角形がかけるとはいえません。

16 合同な四角形をかこう

→ 答えは別さつ5ページ

問題❶ 右の四角形と合同な四角形をかきましょう。

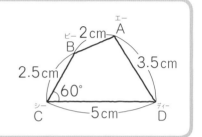

合同な四角形は，1本の対角線で2つの三角形に分け，合同な三角形のかき方を使ってかくことができます。

まず，三角形 〔　　〕 をかくと考えて，頂点Bの位置を決めます。

次に，三角形 〔　　〕 をかくと考えて，頂点Aの位置を決めます。

三角形の3つの辺の長さを使ってかく。

❸頂点Cから2.5cmの点をとる。

ここが頂点B！

❷60°の角をかく。

❶辺CDをひく。

三角形の2つの辺の長さとその間の角の大きさを使ってかく。

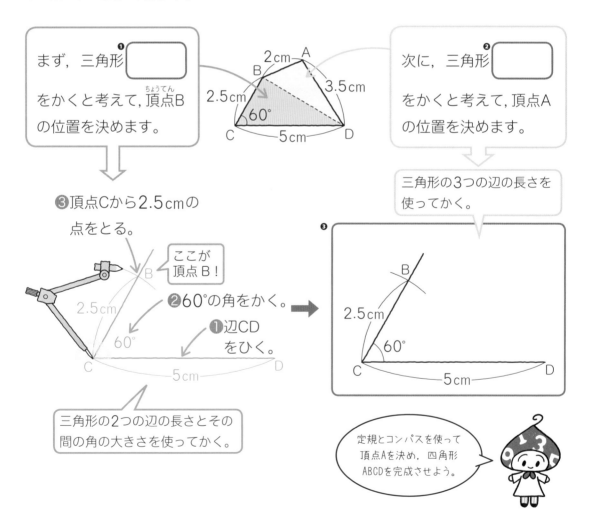

定規とコンパスを使って頂点Aを決め，四角形ABCDを完成させよう。

基本練習

1 下の四角形と合同な四角形を，⬭にかきましょう。

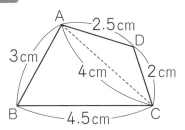

2 下の平行四辺形と合同な平行四辺形を，⬭にかきましょう。

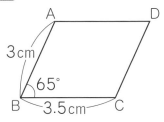

😊 できなかった問題は，復習しよう。

算数力アップ 辺の長さだけで合同な四角形はかける？

4つの辺の長さを使って四角形をかいても，角の大きさが同じになるとは限らないので，いつも合同な四角形がかけるとはいえません。

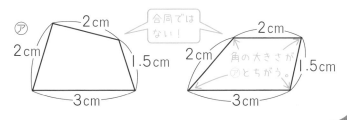

1 下の直方体や立方体の体積を求めましょう。 【各8点 計24点】

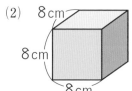

(1)
6cm
2cm
5cm

(2)
8cm
8cm
8cm

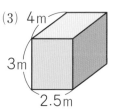

(3)
4m
3m
2.5m

[　　　　　] [　　　　　] [　　　　　]

2 右のような立体の体積を求めましょう。 【12点】

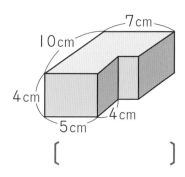

7cm
10cm
4cm
5cm
4cm

[　　　　　]

3 内のりが右の図のようになっている直方体の
水そうがあります。次の問題に答えましょう。

【各9点 計18点】

30cm
60cm
30cm

(1) この水そうの容積は何cm³ですか。

[　　　　　]

(2) この水そうの容積は何Lですか。

[　　　　　]

→ 答えは別さつ14ページ

学習日	得点
月　　　日	／100点

4 右の2つの四角形は合同です。
次の問題に答えましょう。

【各8点　計16点】

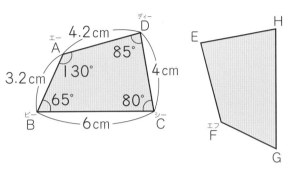

(1)　辺EHの長さは何cmですか。

〔　　　　　　　　〕

(2)　角Gの大きさは何度ですか。

〔　　　　　　　　〕

5 次のような三角形と平行四辺形をかきましょう。

【各10点　計30点】

(1)
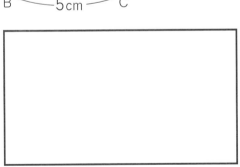

(2)　2つの辺の長さが3cm，4cmで，
その間の角の大きさが50°の三角形

(3)
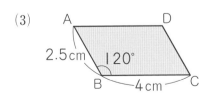

17 2でわりきれる数とわりきれない数

→ 答えは別さつ6ページ

ポイント

- 2でわりきれる整数を，偶数（ぐうすう）という。
- 2でわりきれない整数を，奇数（きすう）という。
- 0は偶数とする。

問題1 次の数を，偶数と奇数に分けましょう。

28，31，50，99，125，712，3216，8047

偶数か奇数かは，一の位の数字で
見分けられます。一の位の数字が
偶数なら，その数は偶数です。

一の位が　→ 0, 2, 4, 6, 8 → 偶数
　　　　　→ 1, 3, 5, 7, 9 → 奇数

偶数… ❶□ ，❷□ ，❸□ ，❹□

奇数… ❺□ ，❻□ ，❼□ ，❽□

2でわりきれる
かどうか，
たしかめよう！

問題2 偶数か奇数かを式に表します。□にあてはまる数を書きましょう。

(1) 6＝2×□　　　　(2) 9＝2×□＋1

□に入る数を整数とすると，偶数は2×□，奇数は2×□＋1の式に表すことがで
きます。

(1) 6＝2×❾□

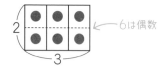

←6は偶数

(2) 9＝2×❿□＋1

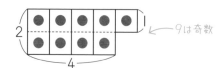

←9は奇数

基本練習

1 次の数を，偶数と奇数に分けましょう。

$$11 \quad 20 \quad 72 \quad 145 \quad 3893 \quad 56274$$

偶数 $\left[\right]$　奇数 $\left[\right]$

2 23，48，54，67は，偶数か奇数か，整数を使った式に表して調べます。次の問題に答えましょう。

(1) 次の式の続きを書きましょう。

① $23 = 2 \times$ 　　② $48 = 2 \times$

③ $54 = 2 \times$ 　　④ $67 = 2 \times$

(2) 偶数はどれですか。すべて答えましょう。

$\left[\right]$

😊 できなかった問題は，復習しよう。

算数力アップ 偶数・奇数の和は偶数？ 奇数？

どんな偶数・奇数でも，その和は，次の❶～❸のようになります。

❶ 偶数＋偶数＝偶数　　❷ 奇数＋奇数＝偶数　　❸ 偶数＋奇数＝奇数

例 $4 + 2 = 6$ 　　例 $3 + 3 = 6$ 　　例 $2 + 3 = 5$

18 倍数と公倍数を求めよう

→ 答えは別さつ6ページ

ポイント

● ある数に整数をかけてできる数を，その数の倍数という。

● いくつかの整数に共通な倍数を，それらの数の公倍数といい，公倍数のうちでいちばん小さい数を，最小公倍数という。

問題 ❶ 4の倍数を，小さいほうから順に3つ求めましょう。

4に，1から順に整数をかけた積が，4の倍数です。

$4 \times 1 =$ **❶**［　］，　$4 \times 2 =$ **❷**［　］，　$4 \times 3 =$ **❸**［　］

0は倍数に入れないよ。

問題 ❷ 8と12の公倍数を，小さいほうから順に3つ求めましょう。

下のように，まず，大きいほうの12の倍数を順に書き，その中で8の倍数でもある数（8でわりきれる数）を見つければ，それが公倍数です。

12の倍数 ➡	12,	24,	36,	48,	60,	72, …
8の倍数かどうか ➡	×	○	**❹**［　］	**❺**［　］	**❻**［　］	**❼**［　］

最小公倍数

したがって，8と12の公倍数は順に，**❽**［　］，**❾**［　］，**❿**［　］

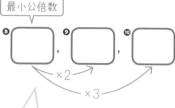

×2　×3

この方法がおすすめだよ。

公倍数は，最小公倍数の倍数になります。だから，最小公倍数を求めて，2倍，3倍，…すれば，公倍数を求めることができます。

1 次の数の倍数を，小さいほうから順に3つ求めましょう。

(1) 6

(2) 11

〔　　　　　　　　　〕　　〔　　　　　　　　　〕

2 4と10の公倍数を，小さいほうから順に3つ求めましょう。

〔　　　　　　　　　〕

3 （　）の中の数の最小公倍数を求めましょう。

(1) （2，6）

(2) （6，8）

〔　　　〕　　　　　　　　　　〔　　　〕

😊 できなかった問題は，復習しよう。

算数力アップ **3つの数の公倍数の見つけ方**

2つの数のときと同じように，最小公倍数を見つけて求められます。

例 4と6と9の公倍数は？

9の倍数	9,	18,	27,	36, …
6の倍数かどうか	×	○	×	○
4の倍数かどうか	×	×	×	○

➡ 最小公倍数は36

➡ 4，6，9の公倍数は，最小公倍数36の倍数だから，36，72，108，…

19 約数と公約数を求めよう

➡ 答えは別さつ6ページ

ポイント

● ある数をわりきることのできる整数を，その数の**約数**という。

● いくつかの整数に共通な約数を，それらの数の**公約数**といい，公約数のうちでいちばん大きい数を，**最大公約数**という。

問題❶ 6の約数を全部求めましょう。

6を1から順にわって見つけてもよいですが，1から6まで数を書き，かけて6になる2つの数を見つけると，かんたんに求められます。

1, 2, 3, 4, 5, 6　　6の約数は，1, ❶□, ❷□, ❸□

問題❷ 12と20の公約数を全部求めましょう。

下のように，小さいほうの12の約数を全部書き，その中で20の約数でもある数（20をわりきれる数）を見つければ，それが公約数です。

12の約数 ➡	1,	2,	3,	4,	6,	12
20の約数かどうか ➡	○	○	❹□	❺□	❻□	❼□

したがって，12と20の公約数は，❽□, ❾□, ❿□ ← 最大公約数

÷4

÷2

公約数は，最大公約数の約数になります。だから，まず，大きいほうから公約数を調べて最大公約数を求め，公約数を求めることもできます。

1 次の数の約数を全部求めましょう。

(1) 9

(2) 30

〔　　　　　　　　〕　　〔　　　　　　　　〕

2 18と24の公約数を全部求めましょう。

〔　　　　　　　　〕

3 ( )の中の数の最大公約数を求めましょう。

(1) (6, 18)

(2) (16, 24)

〔　　　　〕　　　　　　〔　　　　〕

😊 できなかった問題は, 復習しよう。

算数力アップ 3つの数の公約数の見つけ方

2つの数のときと同じように, 最大公約数を見つけて求められます。

例 8, 12, 20の公約数は?

8の約数	8, 4, …
12の約数かどうか	× ○
20の約数かどうか	× ○

➡ 最大公約数は4 ➡ 8, 12, 20の公約数は, 最大公約数4の約数だから, 1, 2, 4

20 公倍数や公約数を使って

➡ 答えは別さつ6ページ

問題 ① 右の⑦の長方形を，図のようにすきまなくならべて正方形を作ります。いちばん小さい正方形の1辺の長さは何cmですか。

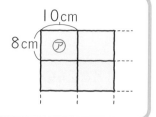

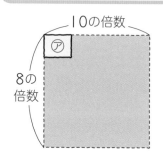

⑦の長方形をならべていくと，たての長さは8の倍数に，横の長さは10の倍数になります。そして，正方形になるのは，1辺が8と10の❶ [　　　　　] のときで，いちばん小さい正方形の1辺の長さは，最小公倍数のときです。

8と10の最小公倍数を求めて，

いちばん小さい正方形の1辺の長さは，❷ [　　] cm

問題 ② たてが12cm，横が16cmの，1cm方眼の紙があります。これを方眼の線にそってあまりが出ないように切り，同じ大きさの正方形に分けます。いちばん大きい正方形の1辺の長さは何cmですか。

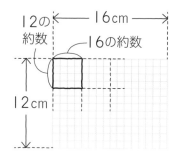

あまりが出ないように正方形に分けるのだから，できる正方形の1辺の長さは，12と16の❸ [　　　　　] のときで，いちばん大きい正方形の1辺の長さは，12と16の最大公約数のときです。

12と16の最大公約数を求めて，

いちばん大きい正方形の1辺の長さは，❹ [　　] cm

基本練習

1 高さが5cmの箱A（エー）と，高さが6cmの箱B（ビー）を，右の図のように，それぞれ積んでいきます。

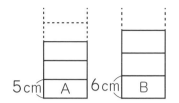

(1) 箱Aと箱Bを積んだときの高さがはじめに等しくなるのは，高さが何cmのときですか。

〔　　　　　　　　〕

(2) (1)のとき，箱Aと箱Bは，それぞれ何個（なんこ）積んでいますか。

箱A〔　　　　　　〕　箱B〔　　　　　　〕

2 ある駅を，電車は9分おきに，バスは12分おきに発車します。午前9時に電車とバスが同時に発車しました。

次に電車とバスが同時に発車するのは，何時何分ですか。

〔　　　　　　　　〕

3 りんごが30個，みかんが42個あります。それぞれ同じ数ずつ，あまりが出ないように，できるだけ多くの子どもに配ります。何人の子どもに配れますか。

〔　　　　　　　　〕

😊 できなかった問題は，復習（ふくしゅう）しよう。

21 分数とわり算の関係は？

→ 答えは別さつ7ページ

ポイント

整数どうしのわり算の商は，わる数を分母，わられる数を分子とする分数で表すことができる。

■ ÷ ● = ■/●

問題 ❶ 2Lのジュースを7人で等分すると，1人分は何Lになりますか。

全体の量 ÷ 人数 = 1人分の量 より，❶ □ ÷ ❷ □ =0.285…で，わりきれません。

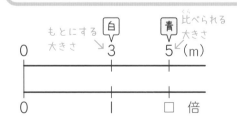

1人分は、1/7 Lの2個分

このようなとき，正確（せいかく）な答えを出すには，左の図のように考えて，わる数を分母，わられる数を分子とする分数で表します。

1人分の量は，　2÷7= ❸□/❹□ （L）

問題 ❷ 青のテープの長さは5m，白のテープの長さは3mです。青のテープの長さは，白のテープの長さの何倍ですか。

もとにする大きさ → 白 3　青 5（m） 比（くら）べられる大きさ

0 ─────── 1 ─────── □ 倍

何倍かを表すとき，整数や小数だけでなく，分数を使うこともできます。

❺ □ ÷ ❻ □ = ❼ □/□ （倍）(1 2/3 倍)

↑ 比べられる大きさ　　↑ もとにする大きさ

基本練習

1 次のわり算の商を分数で表しましょう。

(1) $1 \div 4$

(2) $3 \div 5$

[   ]

[   ]

(3) $13 \div 19$

(4) $7 \div 2$

[   ]

[   ]

2 □にあてはまる数を書きましょう。

(1) $\dfrac{5}{8} = 5 \div$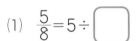

(2) $\dfrac{11}{9} =$ 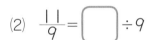 $\div 9$

3 次の問題に，分数で答えましょう。

(1) 8Lは，3Lの何倍ですか。

[   ]

(2) 4kgは，13kgの何倍ですか。

[   ]

😊 できなかった問題は，復習しよう。

22 分数と小数，整数の関係は？

→ 答えは別さつ7ページ

ポイント

● 分数を小数で表すには，分子を分母でわる。

● 小数は，10，100などを分母とする分数で，整数は，分母が1の分数で表すことができる。

問題❶ 右の分数を，それぞれ小数で表しましょう。　(1) $\dfrac{1}{4}$　(2) $1\dfrac{4}{5}$

$\dfrac{■}{●}=■÷●$ を使って，分子を分母でわります。

(1) $\dfrac{1}{4}=\boxed{}^{❶}÷\boxed{}^{❷}$

$=\boxed{}^{❸}$

(2) $1\dfrac{4}{5}=1+\dfrac{4}{5} \Rightarrow \dfrac{4}{5}=\boxed{}^{❹}$ だから，

$1\dfrac{4}{5}=\boxed{}^{❺}$

↑
4÷5の商

> 仮分数になおして，分子÷分母で求めてもいいよ。

問題❷ 次の小数や整数を，分数で表しましょう。
(1) 0.7　　　(2) 1.31　　　(3) 6

小数を分数で表すには，$0.1=\dfrac{1}{10}$，$0.01=\dfrac{1}{100}$ を利用します。

(1) 0.7は，$\dfrac{1}{10}$ の7個分 $\Rightarrow \dfrac{\boxed{}^{❻}}{10}$

(2) 1.31は，$\dfrac{1}{100}$ の131個分 $\Rightarrow \dfrac{\boxed{}^{❼}}{100}$

整数は，分母が1の分数で表せます。

(3) $6=\boxed{}^{❽}÷1=\dfrac{\boxed{}^{❾}}{1}$

> 6は，$\dfrac{6}{1}=\dfrac{12}{2}=\dfrac{18}{3}$ のように，分母がいくつでも表せるけど，ふつうは分母を1とする分数で表すよ。

1 次の分数を小数や整数で表しましょう。

(1) $\dfrac{2}{5}$

(2) $\dfrac{7}{2}$

〔　　　　　　〕　　　　　　　　　　　　〔　　　　　　〕

(3) $\dfrac{15}{3}$

(4) $2\dfrac{1}{8}$

〔　　　　　　〕　　　　　　　　　　　　〔　　　　　　〕

2 次の小数や整数を分数で表しましょう。

(1) 0.9

(2) 0.43

〔　　　　　　〕　　　　　　　　　　　　〔　　　　　　〕

(3) 2.7

(4) 14

〔　　　　　　〕　　　　　　　　　　　　〔　　　　　　〕

☺ できなかった問題は，復習しよう。

算数力アップ 分数と小数の大きさを比べよう！

分数と小数の大きさを比べるときは，分数を小数になおすと
比べやすくなります。

例 $\dfrac{3}{4}$と0.7では，どちらが大きい？

$\dfrac{3}{4}$＝3÷4＝0.75　0.75＞0.7だから，$\dfrac{3}{4}$＞0.7

学習日　　月　　日

23 同じ大きさの分数をさがそう

→ 答えは別さつ7ページ

ポイント

分母と分子をそれらの公約数でわって，分母の小さい分数にすることを，約分（やくぶん）するという。

$$\frac{1}{2} \genfrac{}{}{0pt}{}{2\div 2}{6\div 2} = \frac{1}{3}$$

問題 ❶ 右のア，イにあてはまる数を答えましょう。　$\dfrac{6}{9} = \dfrac{\boxed{ア}}{18} = \dfrac{2}{\boxed{イ}}$

分数は，分母と分子に同じ数をかけても，分母と分子を同じ数でわっても，分数の大きさは変わらないという性質（せいしつ）があります。この性質を使うと，大きさの等しい分数を作ることができます。

$$\frac{\bullet}{\blacksquare} = \frac{\bullet \times \blacktriangle}{\blacksquare \times \blacktriangle}$$
$$\frac{\bullet}{\blacksquare} = \frac{\bullet \div \blacktriangle}{\blacksquare \div \blacktriangle}$$

$$\frac{6}{9} = \frac{\boxed{ア}}{18} = \frac{2}{\boxed{イ}}$$

×❶ □　÷3　×2　÷❷ □

アは，$6 \times$ ❸ □ $=$ ❹ □

イは，$9 \div$ ❺ □ $=$ ❻ □

問題 ❷ $\dfrac{18}{24}$ を約分しましょう。

分母と分子を，それらの公約数でわっていき，分母をできるだけ小さくします。

24と18の公約数の2，3で順にわっていく。

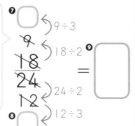

$$\frac{18}{24} = \boxed{}$$

❼ □ ← 9÷3
❽ □ ← 12÷3
❾ □ ← 18÷2
← 24÷2

24と18の最大公約数の6でわる。

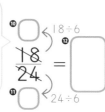

$$\frac{18}{24} = \boxed{}$$

❿ □ ← 18÷6
⓫ □ ← 24÷6
⓬ □

最大公約数でわると，かんたんに約分できるね。

基本練習

1 次の分数と大きさの等しい分数を2つ答えましょう。

(1) $\dfrac{1}{3}$

(2) $\dfrac{4}{5}$

[　　　　　]　　　　　　　　[　　　　　]

2 次の□にあてはまる数を書きましょう。

(1) $\dfrac{1}{4} = \dfrac{\boxed{}}{8} = \dfrac{5}{\boxed{}}$

(2) $\dfrac{6}{10} = \dfrac{3}{\boxed{}} = \dfrac{\boxed{}}{15}$

3 次の分数を約分しましょう。

(1) $\dfrac{3}{15}$

(2) $\dfrac{16}{24}$

[　　　]　　　　　　　　　　[　　　]

(3) $\dfrac{25}{10}$

(4) $2\dfrac{12}{16}$

[　　　]　　　　　　　　　　[　　　]

😊 できなかった問題は，復習しよう。

学習日

月　　　日

24 分数の大きさを比べよう

→ 答えは別さつ7ページ

ポイント

分母がちがういくつかの分数を，それぞれの大きさを変えないで，共通な分母の分数になおすことを，通分するという。

問題 1 $\dfrac{3}{5}$ と $\dfrac{2}{9}$ を通分しましょう。

通分するときは，ふつう，2つの分母の最小公倍数を共通な分母とします。5と9の最小公倍数は45だから，分母が45になるように通分します。

$$\dfrac{3}{5} = \dfrac{\boxed{③}}{45} \quad , \quad \dfrac{2}{9} = \dfrac{\boxed{⑥}}{45}$$

分母と分子に同じ数をかけても，分数の大きさは変わらないね。

問題 2 $\dfrac{1}{3}$ と $\dfrac{2}{7}$ では，どちらが大きいですか。

通分して同じ分母の分数になおせば，大きさを比べられます。3と7の最小公倍数は21だから，分母が21になるように通分します。

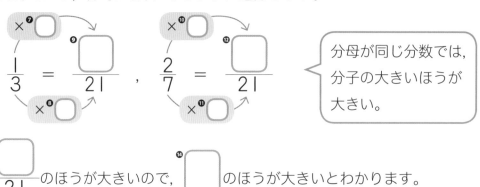

$$\dfrac{1}{3} = \dfrac{\boxed{⑨}}{21} \quad , \quad \dfrac{2}{7} = \dfrac{\boxed{⑫}}{21}$$

分母が同じ分数では，分子の大きいほうが大きい。

$\dfrac{\boxed{⑬}}{21}$ のほうが大きいので，$\boxed{⑭}$ のほうが大きいとわかります。

基 本 練 習

1 （　）の中の分数を通分しましょう。

(1) $\left(\dfrac{2}{3}, \ \dfrac{1}{2} \right)$

(2) $\left(\dfrac{3}{8}, \ \dfrac{7}{10} \right)$

〔　　　　　　　　　〕　　　　　　　　〔　　　　　　　　　〕

(3) $\left(1\dfrac{5}{12}, \ 1\dfrac{3}{8} \right)$

(4) $\left(\dfrac{3}{4}, \ \dfrac{1}{6}, \ \dfrac{5}{8} \right)$

〔　　　　　　　　　〕　　　　　　　　〔　　　　　　　　　〕

2 通分して大小を比べ，□にあてはまる等号や不等号を書きましょう。

(1) $\dfrac{4}{5} \ \boxed{} \ \dfrac{13}{15}$

(2) $\dfrac{5}{6} \ \boxed{} \ \dfrac{7}{9}$

(3) $\dfrac{10}{12} \ \boxed{} \ \dfrac{5}{6}$

(4) $2\dfrac{2}{9} \ \boxed{} \ 2\dfrac{4}{15}$

😊 できなかった問題は，復習しよう。

25 分母がちがう分数のたし算・ひき算

→ 答えは別さつ8ページ

問題 1 右の計算をしましょう。　(1) $\dfrac{5}{6}+\dfrac{4}{9}$　　(2) $\dfrac{3}{5}-\dfrac{4}{15}$

分母のちがう分数のたし算やひき算は，まず通分して，分母をそろえてから計算します。そして，答えが約分できるときは，約分して答えます。

(1) $\dfrac{5}{6}+\dfrac{4}{9}=\dfrac{\boxed{①}}{18}+\dfrac{\boxed{②}}{18}=\dfrac{\boxed{③}}{18}$

←分子どうしをたす。
←分母はそのまま。

6と9の最小公倍数の18で通分する。

帯分数になおすと，大きさがわかりやすいよ。
$\dfrac{23}{18}=1\dfrac{5}{18}$

(2) $\dfrac{3}{5}-\dfrac{4}{15}=\dfrac{\boxed{④}}{15}-\dfrac{4}{15}=\dfrac{\boxed{⑤}}{15}=\boxed{⑦}$

⑥

5と15の最小公倍数の15で通分する。

問題 2 右の計算をしましょう。　(1) $2\dfrac{1}{3}+1\dfrac{2}{5}$　　(2) $0.4-\dfrac{1}{6}$

分母のちがう帯分数のたし算も，通分して計算します。分数と小数のまじった計算は，小数を分数になおせば，いつでも計算できます。

(1) $2\dfrac{1}{3}+1\dfrac{2}{5}$

$=2\dfrac{\boxed{⑧}}{15}+1\dfrac{\boxed{⑨}}{15}$　　通分する。

$=(2+1)+\left(\dfrac{\boxed{⑩}}{15}+\dfrac{\boxed{⑪}}{15}\right)$

整数部分　　　　分数部分

$=3\boxed{⑫}$

(2) $0.4-\dfrac{1}{6}$

小数を分数になおす。
$0.4=\dfrac{4}{10}=\dfrac{2}{5}$

$=\dfrac{2}{5}-\dfrac{1}{6}$

$=\dfrac{\boxed{⑬}}{30}-\dfrac{\boxed{⑭}}{30}$　　通分する。

$=\boxed{⑮}$

基本練習

1 次の計算をしましょう。

(1) $\dfrac{1}{4} + \dfrac{2}{5}$

(2) $\dfrac{7}{6} - \dfrac{3}{10}$

(3) $1\dfrac{2}{9} + \dfrac{5}{18}$

(4) $2\dfrac{2}{3} - 1\dfrac{5}{8}$

(5) $\dfrac{3}{4} - \dfrac{1}{2} + \dfrac{7}{10}$

(6) $\dfrac{8}{15} + 0.8$

8章 分数のたし算とひき算

😊 できなかった問題は、復習しよう。

算数力アップ 分を時間の単位で表そう！

1時間＝60分なので、60等分した何個分と考えれば、分を時間の単位で表すことができます。

例　20分は、1時間を60等分した20個分だから、

$$20\text{分} = \dfrac{20}{60}\text{時間} = \dfrac{1}{3}\text{時間}$$

$\dfrac{1}{3}$時間 ちこくだ！

復習テスト ③

1

次の数を，偶数と奇数に分けましょう。　　　　　　　　　　　【各4点　計8点】

0，9，17，100，471，8372

偶数 [　　　　　　　　　　　]　奇数 [　　　　　　　　　　　]

2

次の問題に答えましょう。　　　　　　　　　　　　　　　　【各5点　計30点】

(1) 9の倍数を，小さいほうから順に3つ求めましょう。

[　　　　　　　　　　　]

(2) 32の約数を全部求めましょう。

[　　　　　　　　　　　]

(3) （　）の中の数の最小公倍数と最大公約数を求めましょう。

① （4，12）　　　　　　　　　　② （12，15）

最小公倍数 [　　　　　]　　　　最小公倍数 [　　　　　]

最大公約数 [　　　　　]　　　　最大公約数 [　　　　　]

3

公園にふん水A，Bがあります。ふん水Aは9秒ごとに，ふん水Bは15秒ごとに水をふき上げます。

今，2つのふん水が同時に水をふき上げました。次に同時にふき上げるのは，何秒後ですか。　　　　　　　　　　　　　　　　　　　　　　　【10点】

[　　　　　　　　　　　]

答えは別さつ14ページ

学習日	得点
月　　日	／100点

4 次の分数は小数で，小数は分数で表しましょう。　　　　【各4点　計8点】

(1) $\dfrac{4}{5}$

(2) 1.9

〔　　　　〕　　　　　　　　　　　　〔　　　　〕

5 次のア，イにあてはまる数を答えましょう。　　　　【各4点　計8点】

$$\dfrac{2}{7} = \dfrac{\boxed{ア}}{14} = \dfrac{10}{\boxed{イ}}$$

ア〔　　〕　イ〔　　〕

6 次の計算をしましょう。　　　　【各6点　計36点】

(1) $\dfrac{1}{3} + \dfrac{5}{8}$

(2) $\dfrac{3}{4} + \dfrac{7}{12}$

(3) $\dfrac{4}{7} - \dfrac{2}{5}$

(4) $\dfrac{11}{10} - \dfrac{4}{15}$

(5) $1\dfrac{1}{8} + 2\dfrac{1}{6}$

(6) $4\dfrac{1}{3} - 1\dfrac{5}{6}$

26 ならした大きさは？

→ 答えは別さつ8ページ

ポイント

いくつかの数量を，等しい大きさになるようにならしたものを，平均といい，次の式で求めることができる。

　　平均＝合計÷個数

問題① 右のたまごの重さの平均を求めましょう。

57g　56g　54g　58g　55g

平均は，たまごの重さの合計を求めて，それを個数で等分すると考えて，

平均＝合計÷個数で求められます。

$(57+56+54+58+55)÷5 = $ ❶ $\boxed{} ÷5$

　　　　↑合計　　　　　　↑個数

$= $ ❷ $\boxed{}$ （g）

いろいろな大きさを
等しい大きさにする
ことを，「ならす」と
いうよ。

問題② 右の表は，5年1組の1週間の欠席者の人数です。この週では，1日に平均何人が欠席しましたか。

欠席者の人数（人）

月	火	水	木	金
5	2	3	0	1

1日の欠席者の人数は，**平均＝合計÷個数**の式にあてはめて求められます。

このとき，1週間の平均の欠席者の人数を求めるので，欠席者が0人の木曜日も日数に入れます。

$(5+2+3+0+1)÷$ ❸ $\boxed{} = $ ❹ $\boxed{} ÷$ ❺ $\boxed{}$

　↑合計　　　　　　　↑日数（個数）

欠席者が0人の日も日数に入れる

$= $ ❻ $\boxed{}$ （人）

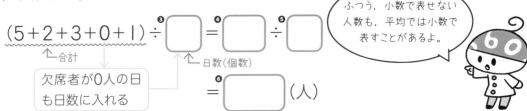

ふつう，小数で表せない
人数も，平均では小数で
表すことがあるよ。

基本練習

1 みかん4個の重さをはかったら，次のようになりました。みかんの重さの平均を求めましょう。

105g　　97g　　100g　　106g

〔　　　　　　　〕

2 5年1組の人が1週間に図書館から借りた本のさっ数を調べたら，右の表のようになりました。
1日に平均何さつ借りたことになりますか。

借りた本のさっ数

曜日	月	火	水	木	金
本の数（さつ）	5	0	4	7	8

〔　　　　　　　〕

😊 できなかった問題は，復習しよう。

算数力アップ 仮の平均を使うと計算がカンタン！

左ページの**問題1**で，最も軽い54gを仮の平均として，それぞれのたまごの重さを54gとの差で表すと，次のようになります。

重さ（g）	57	56	54	58	55
仮の平均との差（g）	3	2	0	4	1

仮の平均との差の平均を求めると，
　（3＋2＋0＋4＋1）÷5＝2
これを仮の平均にたすと，正しい平均を求めることができます。
　54＋2＝56（g）

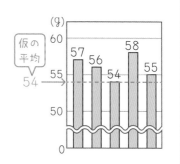

9章
単位量あたりの大きさ

063

27 平均を使ってみよう

➡ 答えは別さつ8ページ

問題❶ たまご1個分の重さを平均56gとします。

⑴　このたまご20個では，全体で何gになると考えられますか。

⑵　このたまごが2.8kgあるとき，個数は何個と考えられますか。

平均をたまご1個分の重さと考えれば，全体の重さや個数は，右の式を利用して予想することができます。

> 合計＝平均×個数
> 個数＝合計÷平均

⑴　1個の重さの平均が56gで20個分だから，

重さの合計は，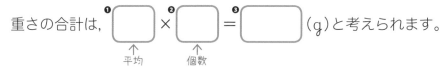（g）と考えられます。

⑵　重さの合計が，2.8kg＝2800gで，1個の重さの平均が56gだから，

個数は，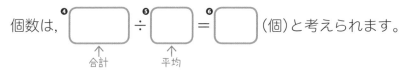（個）と考えられます。

問題❷ あかりさんの歩はばを上から2けたのがい数で求めたら，歩はばの平均は，約0.62mでした。あかりさんが校舎のはしからはしまで歩いたら，110歩ありました。校舎の長さは，約何mと考えられますか。

歩はば

全体の長さ＝歩はば×歩数　の式を使って，校舎のおよその長さ
　　合計　　　　平均　　　個数

を求めると，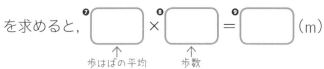（m）

歩はばは上から2けたのがい数だから，校舎の長さも四捨五入して，上から2けたのがい数にして答えます。

➡　答えは，約 ⑩◻ m

1 りんご1個分の重さの平均を240gとします。

(1) このりんご30個の重さは，何kgと考えられますか。

〔　　　　　　〕

(2) このりんごが12kgあるとき，りんごの個数は何個と考えられますか。

〔　　　　　　〕

2 右の表は，けんたさんが10歩歩いた長さを
3回はかった記録です。

(1) けんたさんの歩はばは，約何mですか。
四捨五入して，上から2けたのがい数で求め
ましょう。

10歩歩いた長さ

1回め	6m42cm
2回め	6m35cm
3回め	6m37cm

〔　　　　　　〕

(2) けんたさんが370歩歩いたときの長さは，約何mですか。

〔　　　　　　〕

9章 単位量あたりの大きさ

😊 できなかった問題は，復習しよう。

28 どちらがこんでいる?

➡ 答えは別さつ8ページ

ポイント

● 同じ**面積**あたりの**個数**などを表した，単位量あたりの大きさを使うと，こみぐあいやとれ高などを比べることができる。

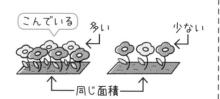

● 1km²あたりの人口を，**人口密度**という。

問題❶ 右の表で，北の花だんと南の花だんでは，どちらがこんでいますか。

花だんの面積と花の数

	面積(m²)	花の数(本)
北	14	98
南	11	66

面積も花の本数もちがいます。このようなときは，1m²あたりの花の本数を求めて比べることができます。

↖単位量あたりの大きさ

北… ❶[　] ÷ ❷[　] = ❸[　] (本)　← 1m²あたりの本数は，本数÷面積で求める。

南… ❹[　] ÷ ❺[　] = ❻[　] (本)

1m²あたりの花の本数の多い，❼[　]の花だんのほうがこんでいるといえます。

問題❷ 面積が36km²で，人口が5690人の町の人口密度を，四捨五入して上から2けたのがい数で求めましょう。

1km²あたりの人口が人口密度なので，**人口密度＝人口÷面積(km²)** で求めます。

❽[　] ÷ ❾[　] = 158.0… ➡ がい数にして，答えは，約 ❿[　] 人

基本練習

1 右の表は，すな場A，Bの面積と，遊んでいる子どもの人数を表したものです。どちらのすな場がこんでいますか。

すな場の面積と子どもの人数

	面積（m²）	人数（人）
A	9	11
B	12	15

[   ]

2 右の表は，東市と西市の面積と人口を表したものです。

東市と西市の面積と人口

	面積（km²）	人口（万人）
東市	82	45
西市	130	63

(1) それぞれの人口密度を，四捨五入して上から2けたのがい数で求めましょう。

[東市   , 西市   ]

(2) 面積のわりに人口が多いのは，どちらの市ですか。

[   ]

😊 できなかった問題は，復習しよう。

算数カアップ 1本あたりの面積でも比べられる

左ページの**問題①**では，花1本あたりの面積を求めてこみぐあいを比べることもできます。

北…14÷98＝0.14…(m²)
南…11÷66＝0.16…(m²)

1本あたりの面積が小さい北の花だんのほうがこんでいるといえます。

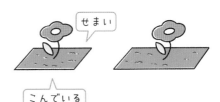

せまい

こんでいる

29 単位量あたりの大きさを使って

→ 答えは別さつ9ページ

問題 1 ゆいさんの家の70㎡の畑から，175kgのみかんがとれました。まりさんの家の90㎡の畑から，198kgのみかんがとれました。みかんがよくとれたといえるのは，どちらの畑ですか。

1㎡あたりにとれたみかんの重さで比べることができます。

ゆいさんの家の畑… ❶[　　] ÷ ❷[　　] = ❸[　　] (kg)

まりさんの家の畑… ❹[　　] ÷ ❺[　　] = ❻[　　] (kg)

1㎡あたりにとれた重さの重い，❼[　　]さんの家の畑のほうが

よくとれたといえます。

作物のとれぐあいも，単位量あたりの大きさで比べられるね。

問題 2 1mあたりの重さが8gのはり金があります。
　⑴　このはり金4mの重さは何gですか。
　⑵　このはり金96gの長さは何mですか。

⑴

4mの重さは，1mあたりの重さの4倍になるから，❽[　　] × ❾[　　] = ❿[　　] (g)

⑵

はり金96gの長さを□mとすると，8gの□倍が96gだから，

$8 × □ = 96$

$□ = $ ⑪[　　] ÷ ⑫[　　] = ⑬[　　]

だから，はり金の長さは12mです。

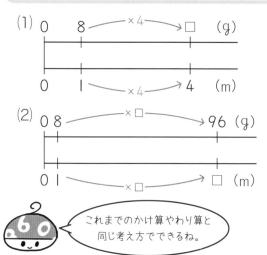

これまでのかけ算やわり算と同じ考え方でできるね。

1 右の表は，じゃがいもをつくっている
A，Bの2つの畑の面積と，とれたじ
ゃがいもの重さを表したものです。じ
ゃがいもがよくとれたといえるのは，
どちらの畑ですか。

畑の面積ととれたじゃがいもの重さ

	面積(m²)	とれた重さ(kg)
A	50	115
B	75	165

[   ]

2 10本で600円のえん筆Aと，8本で520円のえん筆Bでは，1本あたりの
ねだんはどちらが安いですか。

[   ]

3 ガソリン1Lあたり16km走る自動車があります。

(1) この自動車は，ガソリン30Lで何km走りますか。

[   ]

(2) この自動車が400km走るのに，ガソリンを何L使いますか。

[   ]

9章 単位量あたりの大きさ

😊 できなかった問題は，復習しよう。

学習日　　月　　日

30 速い・おそいを調べよう

→ 答えは別さつ9ページ

ポイント

● 速さは，単位時間あたりに進む道のりで表す。

速さ＝道のり÷時間

● 速さには，次の3つの表し方がある。

時速（じそく）…1時間あたりに進む道のりで表した速さ

分速（ふんそく）…1分間あたりに進む道のりで表した速さ

秒速（びょうそく）…1秒間あたりに進む道のりで表した速さ

問題 1 右の表は，AとB（エー　ビー）の自動車が走った時間と道のりを表したものです。

(1) どちらが速いですか。

(2) Bの自動車の速さは，分速何mですか。

	時間	道のり
A	3時間	180km
B	2時間	150km

(1) 1時間あたりに進む道のり（時速）を求めれば比（くら）べられます。

A　0　□ ←÷3← 180 (km)　❶ [　] ÷3 = ❷ [　] ➡ 時速 ❸ [　] km
　　　　　↑道のり　↑時間
　　0　　1 ←÷3← 3 (時間)

B　0　□ ←÷2← 150 (km)　❹ [　] ÷2 = ❺ [　] ➡ 時速 ❻ [　] km
　　　　　↑道のり　↑時間　　　　　　　　　　　　　　Bのほうが速い
　　0　　1 ←÷2← 2 (時間)

(2) Bの自動車は，1時間（60分）あたりに75km進む速さだから，1分間あたりに進む道のり（分速）になおすには，75kmを60でわれば求められます。

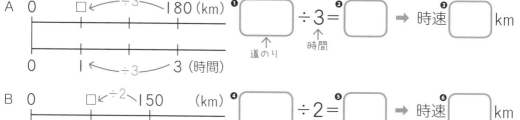

❼ [　] ÷ ❽ [　] = ❾ [　] ➡ 分速 ❿ [　] km ➡ 分速 ⓫ [　] m

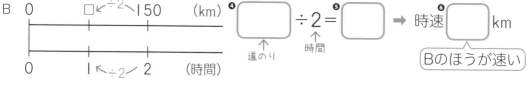

1km＝1000mだから

1 次の速さを求めましょう。

(1) 4時間で260km走る電車の時速

〔　　　　　　〕

(2) 100mを25秒で走った人の秒速

〔　　　　　　〕

2 分速1.8kmで飛ぶはとがいます。

(1) このはとの速さは，時速何kmですか。

〔　　　　　　〕

(2) このはとの速さは，秒速何mですか。

〔　　　　　　〕

😊 できなかった問題は，復習しよう。

算数力アップ **速さは時間でも比べられる**

水泳や陸上競技には，決まった長さを泳いだり走ったり
したときの時間を競う種目があります。このときは，か
かった時間が短いほうが速いといえます。左ページの**問
題1**も，1km進むのにかかった時間を求めて，速さを
比べることもできます。

A…3÷180＝0.016…(時間)
B…2÷150＝0.013…(時間)

かかった時間の短い，Bのほうが速いとわかります。

31 道のりを求めよう

➡ 答えは別さつ9ページ

道のりは，次の公式で求めることができる。

道のり＝速さ×時間

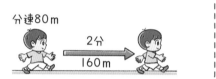

問題❶ 時速70kmで走る電車は，4時間で何km進みますか。

時速70kmだから，1時間に □❶ km進みます。

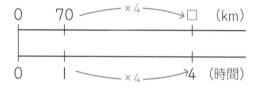

4時間で進む道のりは，1時間で進む道のりの4倍になります。だから，道のりは，

道のり＝速さ×時間の公式で求められます。

4時間で進む道のりは，□❷ × □❸ = □❹ (km)

問題❷ 分速600mで走るバスは，30分間で何km進みますか。

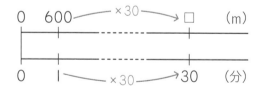

道のり＝速さ×時間より，30分間で進む道のりは，

□❺ × □❻ = □❼ (m)

道のりは，kmの単位で答えるので，18000mをkmの単位になおします。

1km＝1000mだから，

18000m＝□❽ km

速さの問題では，長さの単位にも気をつけよう。

基本練習

1 次の問題に答えましょう。

(1) 時速50kmで走るトラックは，3時間で何km進みますか。

〔　　　　　　　　〕

(2) 分速80mで歩く人は，30分間で何km進みますか。

〔　　　　　　　　〕

2 時速540kmで進むリニアモーターカーが，20分間で進む道のりを求めます。

(1) 時速540kmは，分速何kmですか。

〔　　　　　　　　〕

(2) 20分間で進む道のりは何kmですか。

〔　　　　　　　　〕

😊 できなかった問題は，復習しよう。

9章 単位量あたりの大きさ

算数力アップ　仕事の速さの比べ方

仕事の速さも，単位時間あたりにどれだけの仕事をするかで表して，比べられます。

例 どちらのプリンターが速く印刷できる？

Aのプリンター

10分間で15枚
印刷できる。

↓

1分間あたりに印刷できる枚数
は，15÷10＝1.5（枚）

Bのプリンター

25分間で40枚
印刷できる。

↓

1分間あたりに印刷できる枚数
は，40÷25＝1.6（枚）

➡ Bのプリンターのほうが，速く印刷できる。

32 時間を求めよう

→ 答えは別さつ9ページ

ポイント

かかる時間は，次のどちらかの公式を使って求めることができる。

① 求める時間を□として，**速さ×時間＝道のり**の公式を使って式に表し，□にあてはまる数を求める。

② **時間＝道のり÷速さ**の公式を使って求める。

問題 1 時速92kmで走る特急電車は，460km走るのに何時間かかりますか。

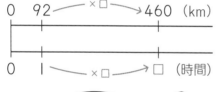

♥×□＝♣
□＝♣÷♥
で求められるね。

まず，かかる時間を□時間として，**速さ×時間＝道のり**の公式にあてはめて，かけ算の式に表します。

□にあてはまる数を求めれば，かかる時間を求めることができます。

❶ [　　] × □ ＝ ❷ [　　]
　↑速さ　　↑時間　　　↑道のり

右の求め方の式からわかるように，時間は次の公式で求められます。

時間＝道のり÷速さ

□ ＝ ❸ [　　] ÷ ❹ [　　]
↑時間　↑道のり　　　↑速さ

＝ ❺ [　　]

↓

かかる時間は，❻ [　　] 時間

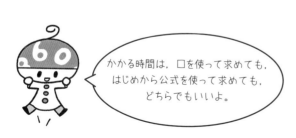

かかる時間は，□を使って求めても，はじめから公式を使って求めても，どちらでもいいよ。

1 次の問題に答えましょう。

(1) 時速45kmで進む船があります。この船が270km進むのにかかる時間は何時間ですか。

[　　　　　]

(2) 分速75mで歩く人がいます。この人が600m歩くのにかかる時間は何分ですか。

[　　　　　]

9章
単位量あたりの大きさ

2 秒速240mで飛ぶ飛行機があります。この飛行機が6km進むのにかかる時間を求めます。

(1) 6kmは何mですか。

[　　　　　]

(2) 6km進むのにかかる時間は何秒ですか。

[　　　　　]

できなかった問題は，復習しよう。

9章 単位量あたりの大きさ

1 右の表は，ゆうきさんが6日間に食べたみかんの個数を表したものです。1日に平均何個食べたことになりますか。

【10点】

曜日	月	火	水	木	金	土
個数（個）	2	3	3	1	2	4

〔　　　　　　〕

2 じゃがいも1個分の重さの平均を140gとすると，このじゃがいも40個分の重さは，何kgと考えられますか。

【10点】

〔　　　　　　〕

3 右の表は，5年1組と2組の学級園の面積と，そこに植えてある草花のなえの数を表したものです。どちらの組の学級園がこんでいますか。

【12点】

学級園の面積となえの数

	面積（m²）	なえの数（本）
1組	16	104
2組	14	98

〔　　　　　　〕

4 ある町の面積は72km²で，人口は9753人です。この町の人口密度を，四捨五入して，上から2けたのがい数で求めましょう。

【12点】

〔　　　　　　〕

答えは別さつ15ページ

5 3mで270円のリボンＡと，5mで425円のリボンＢでは，1mあたりのねだんはどちらが安いですか。　【12点】

〔　　　　　　　〕

6 288kmの道のりを4時間で走る自動車があります。　【各10点　計20点】

(1) この自動車の速さは，時速何kmですか。

〔　　　　　　　〕

(2) この自動車の速さは，分速何mですか。

〔　　　　　　　〕

7 分速500mで走るバイクがあります。このバイクは，2時間で何km進みますか。　【12点】

〔　　　　　　　〕

8 家から図書館までの道のりは3kmです。分速150mで自転車で行くと，何分かかりますか。　【12点】

〔　　　　　　　〕

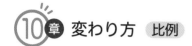
33 2つの量の関係は？

→ 答えは別さつ10ページ

ポイント

2つの量□と〇があり，□が2倍，3倍，…になると，それにともなって〇も2倍，3倍，…になるとき，「〇は□に比例する」という。

1個 ──2倍→ 2個
50円 ──2倍→ 100円

問題 ❶ 右の図のように，高さが1cmで体積が6cm³の直方体の高さを，1cm，2cm，3cm，…と変えていきます。この直方体の高さ□cmのときの体積を〇cm³とすると，〇は□に比例するといえますか。

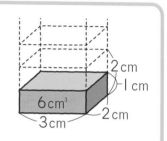
2cm
1cm
6cm³
3cm　2cm

まず，高さ□cmと体積〇cm³の関係を，表に表します。そして，□（高さ）が2倍，3倍，4倍，…になると，〇（体積）は，それぞれ何倍になるか調べます。

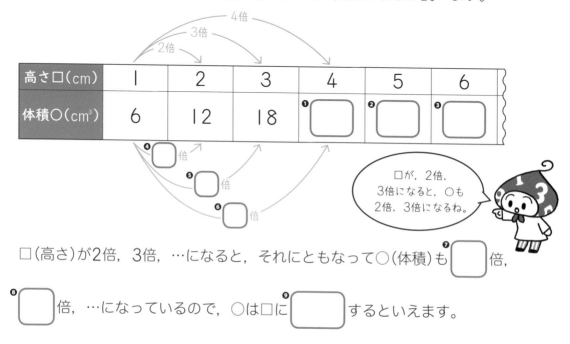

高さ□（cm）	1	2	3	4	5	6
体積〇（cm³）	6	12	18	❶ □	❷ □	❸ □

❹ □ 倍
❺ □ 倍
❻ □ 倍

□が，2倍，3倍になると，〇も2倍，3倍になるね。

□（高さ）が2倍，3倍，…になると，それにともなって〇（体積）も ❼ □ 倍，

❽ □ 倍，…になっているので，〇は□に ❾ □ するといえます。

1 次の，ともなって変わる2つの量で，○は□に比例しますか。比例するものには○を，比例しないものには×を，〔 〕に書きましょう。

(1) 1本80円のえん筆を□本買うときの，代金○円

本数□(本)	1	2	3	4	5	6
代金○(円)	80	160	240	320	400	480

〔　　　〕

(2) 正方形の1辺の長さ□cmと，面積○cm²

1辺の長さ□(cm)	1	2	3	4	5
面積　　○(cm²)	1	4	9	16	25

〔　　　〕

2 正三角形の1辺の長さを，1cm，2cm，3cm，…と変えていきます。1辺の長さが□cmの正三角形のまわりの長さを○cmとしたとき，□と○の関係について，次の問題に答えましょう。

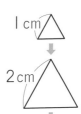
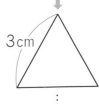

1cm

2cm

3cm

(1) 1辺の長さ□cmとまわりの長さ○cmの関係を，下の表に表しましょう。

1辺の長さ　□(cm)	1	2	3	4	5
まわりの長さ○(cm)					

(2) 正三角形のまわりの長さ○cmは，1辺の長さ□cmに比例していますか。

〔　　　〕

(3) □が10のとき，○はいくつになりますか。

〔　　　〕

☺ できなかった問題は，復習しよう。

10章 変わり方

34 変わり方を調べよう

➡ 答えは別さつ10ページ

問題❶ 長さの等しいぼうで，下のように正三角形を横にならべて作っていきます。正三角形を20個作るとき，ぼうは何本いりますか。

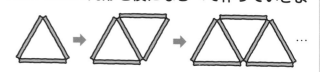

まず，正三角形の数が□個のときのぼうの数を○本として表に表し，図をもとにして□と○の関係を考えます。

正三角形の数□(個)	1	2	3	4	5
ぼうの数　　○(本)	3	5	7	❶	❷

表から，正三角形が1個増えると，ぼうは ❸ 本増えることがわかります。

これは，右の図のように，左の1本にぼうを2本ずつならべていけば，正三角形が1個ずつ作れるためと考えられます。

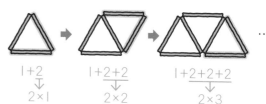

このことをもとにして，□と○の関係を式に表します。

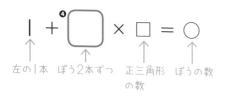

式に表せば，調べていないところのぼうの数も，計算で求められるね。

正三角形を20個作るときのぼうの数は，上の式の□に20をあてはめて計算すれば求められます。

基本練習

1 4つの辺に1人ずつすわれる正方形の形をしたテーブルがあります。このテーブルを，下の図のように順にならべて増やしていき，そのまわりに人がすわります。テーブルの数が□台のときのすわれる人数を○人として，次の問題に答えましょう。

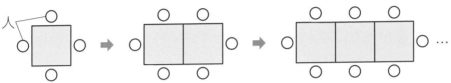

(1) テーブルの数□台とすわれる人数○人の関係を表に表しましょう。

テーブルの数□（台）	1	2	3	4	5	6
すわれる人数○（人）						

(2) テーブルが1台増えると，すわれる人数は何人増えますか。

〔　　　　　　　　　〕

(3) (2)のわけは，右の図のように考えることができます。この図をもとにして，□と○の関係を式に表します。□にあてはまる数を書きましょう。

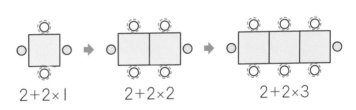

2+2×1　　　2+2×2　　　2+2×3

□と○の関係を表す式… □ ＋ □ × □ ＝ ○

(4) テーブルの数が10台のとき，すわれる人数は何人ですか。

〔　　　　　　　　　〕

☺ できなかった問題は，復習しよう。

35 割合を求めよう

➡ 答えは別さつ10ページ

ポイント

- 比べられる量がもとにする量のどれだけ（何倍）にあたるかを表した数を，割合という。

  割合＝比べられる量÷もとにする量

- 割合を表す0.01を1パーセントといい，1％と書く。このように，パーセントで表した割合を，百分率という。

問題 1 定員が50人のバスに30人乗っています。定員をもとにした乗客数の割合を，小数と百分率で求めましょう。

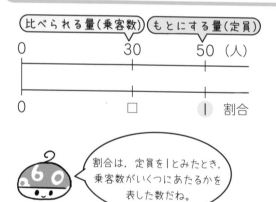

割合は，定員を1とみたとき，乗客数がいくつにあたるかを表した数だね。

乗客数が定員のどれだけ（何倍）にあたるかを求めます。

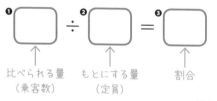

比べられる量（乗客数）　もとにする量（定員）　割合

よって，乗客数の割合は，❹ □ です。

百分率は，もとにする量を100とみた割合の表し方です。割合の0.01が1％で，割合の1は100％です。

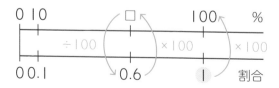

上で求めた乗客数の割合0.6は，百分率で，❺ □ ％と表せます。

1 小数や整数で表した割合を百分率で，百分率で表した割合を小数で表しましょう。

(1)　0.05

〔　　　　　〕

(2)　0.17

〔　　　　　〕

(3)　3

〔　　　　　〕

(4)　20%

〔　　　　　〕

(5)　140%

〔　　　　　〕

(6)　8.6%

〔　　　　　〕

2 次の問題に答えましょう。

(1)　4.5mをもとにした，3.6mの割合はどれだけですか。小数で表しましょう。

〔　　　　　〕

(2)　8kgは，32kgの何%ですか。

〔　　　　　〕

😊 できなかった問題は，復習しよう。

算数力アップ 割合の別の表し方

割合を表す0.1を1割，0.01を1分，0.001を1厘ということがあります。
このように表した割合を，歩合といいます。

割合を表す小数	1	0.1	0.01	0.001
百分率	100%	10%	1%	0.1%
歩合	10割	1割	1分	1厘

例　割合の0.395を歩合で表すと，
　　0.395＝0.3＋0.09＋0.005
　　　　　　 3割　　9分　　 5厘
　　➡3割9分5厘

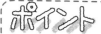
36 百分率を使って

➡ 答えは別さつ10ページ

ポイント

● 比べられる量は，次の式で求められる。

　　比べられる量＝もとにする量×割合

● もとにする量は，□を使い，比べられる量を求めるかけ算の式に表して考えると求めやすい。

問題 ❶ 8mの40％は何mですか。

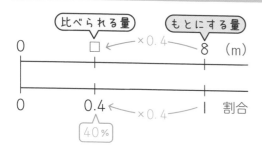

8mの40％は，8mの ❶□ 倍だから，

求める長さは，
↖40％を小数で表す。

$$8 \times ^❷\boxed{} = ^❸\boxed{} \text{(m)}$$

もとにする量　割合　比べられる量

問題 ❷ 8mが32％にあたるひもの長さは何mですか。

もとにする長さを□mとして，比べられる量を求める式に表して求めます。

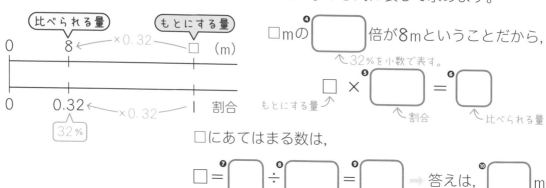

□mの ❹□ 倍が8mということだから，
↖32％を小数で表す。

$$\square \times ^❺\boxed{} = ^❻\boxed{}$$

もとにする量　　割合　　比べられる量

□にあてはまる数は，

$$\square = ^❼\boxed{} \div ^❽\boxed{} = ^❾\boxed{} \Rightarrow 答えは， ^❿\boxed{} \text{m}$$

1 次の□にあてはまる数を求めましょう。

(1)　20Lの130%は，□Lです。　　(2)　□㎡の75%は，60㎡です。

〔　　　　　　　〕　　　　　　　〔　　　　　　　〕

2 果じゅうが全体の量の20%ふくまれているジュースがあります。このジュース500mLには，何mLの果じゅうがふくまれていますか。

〔　　　　　　　〕

3 バスに36人乗っています。これは，定員の60%にあたります。このバスの定員は何人ですか。

〔　　　　　　　〕

☺ できなかった問題は，復習しよう。

11章 割合とグラフ

算数力アップ　「20%引き」のねだんは？

「800円のシャツの20%引き」のねだんの求め方を考えてみましょう。

●考え方①　20%のねだんを求めて，もとのねだんからひく。
　800×0.2＝160（円）
　800−160＝640（円）

●考え方②　100%から20%をひいた残りの80%のねだんを求める。
　800×（1−0.2）
　＝800×0.8＝640（円）

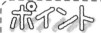
学習日

月　　日

37 割合をグラフで表すと？

→ 答えは別さつ11ページ

ポイント

全体をもとにしたときの各部分の割合（わりあい）を見たり、部分どうしの割合を比べる（くら）ときは、右のような帯グラフや円グラフ（えん）を利用するとわかりやすい。

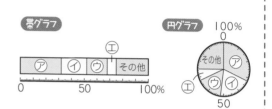

問題 1 右の円グラフは、ある学校の図書室にある本の種類別のさっ数の割合を表したものです。

(1) 各部分の割合は、それぞれ何％ですか。

(2) 伝記のさっ数は、科学のさっ数の何倍ですか。

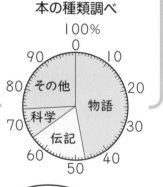

本の種類調べ

(1) 円グラフは、全体を円で表し、各部分の割合を半径で区切って表しています。1めもりは1％です。

物語の割合… ❶ [　　]　％　　　　伝記の割合… ❷ [　　]　％

科学の割合… ❸ [　　]　％　　　　その他の割合… ❹ [　　]　％

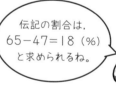

伝記の割合は、
65−47＝18（％）
と求められるね。

(2) 伝記の割合を科学の割合でわって、❺ [　　] ÷ ❻ [　　] ＝ ❼ [　　] （倍）

問題 2 上の本の種類別のさっ数の割合を、帯グラフに表しましょう。

帯グラフは、全体を長方形で表し、各部分の割合を直線で区切って表します。1めもりは1％です。

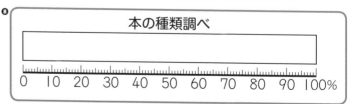

❽

本の種類調べ

0　10　20　30　40　50　60　70　80　90　100％

1 下の帯グラフは，ある学校の通学地区別の人数の割合を表したものです。

通学地区別の人数の割合

西町	南町	東町	北町	その他

```
0  10  20  30  40  50  60  70  80  90  100%
```

(1) 南町の人数の割合は，全体の何％ですか。

〔　　　　　　〕

(2) 西町の人数は，北町の人数の何倍ですか。

〔　　　　　　〕

2 **1**の通学地区別の人数の割合を，右の円グラフに表しましょう。

通学地区別の人数の割合

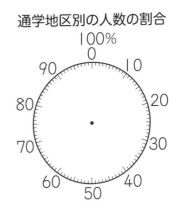

😊 できなかった問題は，復習しよう。

算数力アップ **資料を帯グラフや円グラフに表す**

調べた資料を帯グラフや円グラフに表すときは，次のようにします。

資料 けがをした人数

場所	人数(人)	百分率(%)
運動場	32	43
体育館	18	24
ろう下	10	13
その他	15	20
合計	75	100

各部分の割合を百分率で求める。
（小数点以下は四捨五入する。）

合計が100％にならないときは，いちばん大きい部分が「その他」で調整して，100％にする。

➡ 割合の大きい順に，帯グラフは左から，円グラフは真上から右まわりに区切る。（「その他」は最後。）

復習テスト ❺

⑩章 変わり方　⑪章 割合とグラフ

1

たての長さが4cmの長方形の横の長さを，1cm，2cm，3cm，…と変えていきます。この長方形の横の長さ□cmのときの面積を○cm²として，次の問題に答えましょう。

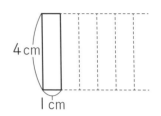

4cm

1cm

【(1)8点，(2)6点　計14点】

(1) 横の長さ□cmと面積○cm²の関係を，下の表に表しましょう。

横の長さ　□(cm)	1	2	3	4	5	6
面積　　○(cm²)	4					

(2) 面積○cm²は，横の長さ□cmに比例していますか。〔　　　　　　　　〕

2

高さが3cmの板の上に，高さが5cmの積み木を1個，2個，3個，…と重ねていきます。重ねる積み木の数□個のときの全体の高さを○cmとして，次の問題に答えましょう。

【(1)8点，(2)～(4)各6点　計26点】

(1) 積み木の数□個と全体の高さ○cmの関係を，下の表に表しましょう。

積み木の数　□(個)	1	2	3	4	5	6
全体の高さ　○(cm)	8					

(2) 全体の高さ○cmは，積み木の数□個に比例していますか。

〔　　　　　　　　〕

(3) □と○の関係を式に表します。□にあてはまる数を書きましょう。

□ ＋ □ × □ ＝ ○

(4) 積み木を10個重ねたときの全体の高さは何cmですか。

〔　　　　　　　　〕

答えは別さつ15ページ

学習日		得点	
	月　　日		／100点

3 下の表の㋐〜㋕にあてはまる数を書きましょう。　【各4点　計20点】

割合を表す小数	0.05	㋑	0.725	㋓	2.38
百分率	㋐	87%	㋒	160%	㋔

4 次の問題に答えましょう。　【各8点　計24点】

(1) 6mは，8mの何％ですか。

[　　　　　　]

(2) 18kgの150％は，何kgですか。

[　　　　　　]

(3) 公園の花だんの面積は700㎡で，公園全体の面積の35％にあたるそうです。
公園全体の面積は何㎡ですか。

[　　　　　　]

5 右の表は，ある市の土地利用のようすを調べたものです。右の表の㋐，㋑にあてはまる数を書き，土地利用のようすを下の帯グラフに表しましょう。　【表，グラフ各8点　計16点】

土地利用のようす

<table>
<tr><td colspan="3">土地利用のようす</td></tr>
<tr><td>利用の種類</td><td>面積(km²)</td><td>百分率(%)</td></tr>
<tr><td>住たく地</td><td>125</td><td>42</td></tr>
<tr><td>工業地</td><td>54</td><td>㋐</td></tr>
<tr><td>商業地</td><td>46</td><td>15</td></tr>
<tr><td>その他</td><td>75</td><td>㋑</td></tr>
<tr><td>合計</td><td>300</td><td>100</td></tr>
</table>

```
土地利用のようす
┌─────────────────────────────┐
│                             │
└─────────────────────────────┘
0  10  20  30  40  50  60  70  80  90 100%
```

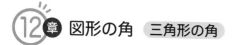
38 三角形の角を調べよう

→ 答えは別さつ11ページ

学習日　　月　　日

**ポイント**

三角形の3つの角の大きさの和は，180°になる。

■ + ● + ▲ =180°

問題 1 右の図で，あ，いの角度は，それぞれ何度ですか。計算で求めましょう。

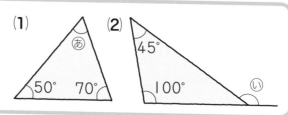

左の図のように，三角形の角を切り取って1つの点に集めると，一直線にならびます。
このことから，三角形の3つの角の大きさの和は180°になるとわかります。

一直線にならぶ

(1)

あ+50°+70°=180°だから，あの角度は，180°から50°と70°をひけば求められます。

❶ [　　]° − (50°+ ❷ [　　]°) = ❸ [　　]°

(2)

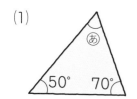

45°+100°+う=180°だから，うの角度は，180°から45°と100°をひけば求められます。

❹ [　　]° − (❺ [　　]° +100°) = ❻ [　　]°

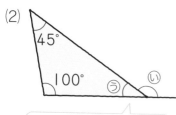

180°

う+い= ❼ [　　]° だから，いの角度は，

❽ [　　]° − ❾ [　　]° = ❿ [　　]°

基本練習

1 下の図で，あ，い，うの角度は何度ですか。計算で求めましょう。

(1)

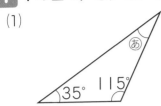

[　　　　　]

(2)

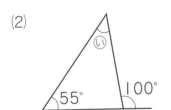

[　　　　　]

(3) 二等辺三角形

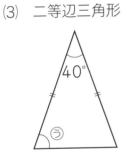

[　　　　　]

😊 できなかった問題は，復習しよう。

算数力アップ 三角定規の角と正三角形の角

1組の三角定規の角の大きさは下の図のようになり，それぞれ，3つの角の大きさの和は180°になります。

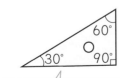

| 60°＋30°＋90°＝180° | 45°＋45°＋90°＝180° |

正三角形の3つの角の大きさは等しいので，1つの角の大きさは，次のように60°と求められます。

180°÷3＝60°

39 四角形，五角形の角を調べよう

→ 答えは別さつ11ページ

ポイント

四角形の4つの角の大きさの和は，360°になる。

■＋●＋▲＋◆＝360°

問題❶ 右の図で，あの角度を計算で求めましょう。

四角形は，1本の対角線で2つの三角形に分けられます。だから，四角形の4つの角の大きさの和は，180°×2＝360°

1つの三角形の角の大きさの和　　三角形2つ分

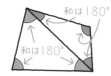

あ＋135°＋70°＋80°＝360°だから，あの角度は，360°から，135°，70°，80°をひけば求められます。

❶ □° －（135°＋70°＋❷□°）＝❸□°

問題❷ 五角形（ごかくけい）の5つの角の大きさの和を求めましょう。

五角形

5本の直線で囲まれた図形を**五角形**，6本の直線で囲まれた図形を**六角形**（ろっかくけい），…のようにいいます。また，三角形，四角形，五角形，六角形などのように，直線で囲まれた形を，**多角形**（たかくけい）といいます。

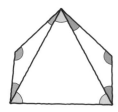

五角形は，1つの頂点（ちょうてん）から対角線をひくと，3つの三角形に分けられるので，五角形の5つの角の大きさの和は，

180°×❹□＝❺□°

基本練習

1 下の図で，あ，い，うの角度は何度ですか。計算で求めましょう。

(1)

[　　　　]

(2)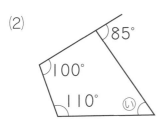

[　　　　]

(3) 平行四辺形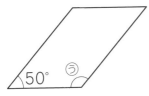

[　　　　]

2 六角形の6つの角の大きさの和を求めます。

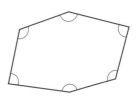

(1) 1つの頂点から対角線をひくと，いくつの
三角形に分けられますか。

[　　　　]

(2) 六角形の6つの角の大きさの和は何度ですか。

[　　　　]

できなかった問題は，復習しよう。

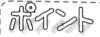
40 平行四辺形の面積は？

➡ 答えは別さつ11ページ

ポイント

平行四辺形の面積は，次の公式で求められる。

平行四辺形の面積＝底辺×高さ

問題1 右の平行四辺形の面積を求めましょう。

(1)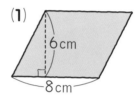
6cm
8cm

(2)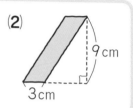
9cm
3cm

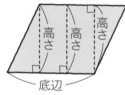

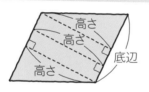

平行四辺形の1つの辺を**底辺**としたとき，その底辺とこれに平行な辺との間にひいた垂直な直線の長さを，**高さ**といいます。

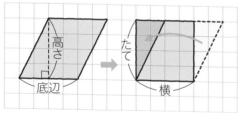

平行四辺形の面積は，左のように長方形に変えて求められます。長方形の横とたての長さは，平行四辺形の底辺の長さと高さに等しいので，面積は，底辺× ❶ □ で求められます。

(1)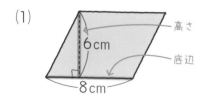
6cm
8cm
高さ
底辺

底辺が8cm，高さが6cmだから，

面積は，❷ □ × ❸ □ ＝ ❹ □ （cm²）
　　　　↑底辺　　↑高さ

(2)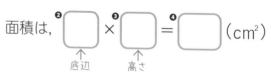
9cm
3cm　底辺
高さ

この図のように，高さが平行四辺形の外にある場合もあります。底辺が3cm，高さが9cmだから，

面積は，❺ □ × ❻ □ ＝ ❼ □ （cm²）

基本練習

1 右の平行四辺形ABCDについて，次の◯に
あてはまる記号を書きましょう。

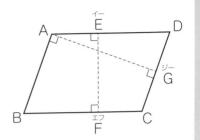

(1) 辺BCを底辺としたとき，高さは

直線 [　　　] の長さです。

(2) 辺ABを底辺としたとき，高さは直線 [　　　] の長さです。

2 次の平行四辺形の面積を求めましょう。

(1)
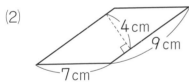

[　　　　　　　　　　]

(2)
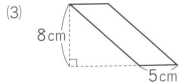

[　　　　　　　　　　]

(3)

8cm

5cm

[　　　　　　　　　　]

3 右の図で，アとイの直線は平行です。
⑮の平行四辺形の面積が54cm²のとき，
◎の平行四辺形の面積は何cm²ですか。

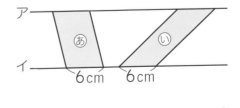

[　　　　　　　　　　]

😊 できなかった問題は，復習しよう。

学習日

月　　日

41 三角形の面積を求めよう

➡ 答えは別さつ12ページ

ポイント

三角形の面積は，次の公式で求められる。

三角形の面積＝底辺×高さ÷2

問題 **1** 右の三角形の面積を求めましょう。

(1)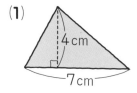

(2)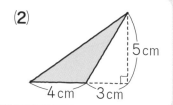

三角形の1つの辺を**底辺**としたとき，底辺と向かい合った頂点から底辺にひいた垂直な直線の長さを，**高さ**といいます。

左の図のように，三角形の面積は，底辺と高さがそれぞれ等しい平行四辺形の面積の半分になります。だから，

三角形の面積は，底辺×高さ÷❶ □ で求められます。

↑
平行四辺形の面積

(1)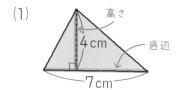

底辺が7cm，高さが4cmだから，面積は，

❷ □ × ❸ □ ÷ ❹ □ ＝ ❺ □ （cm²）
　　↑　　　　↑
　　底辺　　　高さ

(2)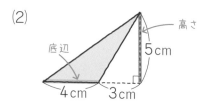

この図のように，高さが三角形の外にある場合もあります。底辺が4cm，高さが5cmだから，面積は，

❻ □ × ❼ □ ÷ ❽ □ ＝ ❾ □ （cm²）
　　↑　　　　↑
　　底辺　　　高さ

1 右の三角形ABC(エービーシー)について，次の◯にあてはまる記号を書きましょう。

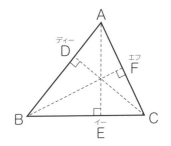

(1) 辺ABを底辺としたとき，高さは直線 ☐ の長さです。

(2) 辺ACを底辺としたとき，高さは直線 ☐ の長さです。

2 次の三角形の面積を求めましょう。

(1)

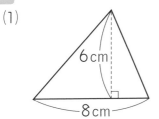

6cm
8cm

[　　　　　　　]

(2)

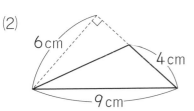

6cm
4cm
9cm

[　　　　　　　]

😊 できなかった問題は，復習しよう。

13章 四角形と三角形の面積

【算数力アップ】 高さと面積の関係は？

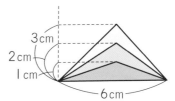

右の図のように，三角形の底辺の長さを6cmと決め，高さを1cm，2cm，…と変えていきます。このとき，高さ☐cmと面積◯cm²の関係を調べてみましょう。

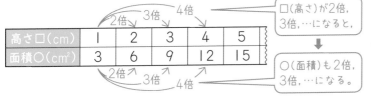

高さ☐(cm)	1	2	3	4	5
面積◯(cm²)	3	6	9	12	15

☐(高さ)が2倍，3倍，…になると，
↓
◯(面積)も2倍，3倍，…になる。

➡ 面積は高さに比例している。

42 台形やひし形の面積は？

→ 答えは別さつ12ページ

台形やひし形の面積は，次の公式で求められる。

台形の面積＝(上底＋下底)×高さ÷2

ひし形の面積＝対角線×対角線÷2

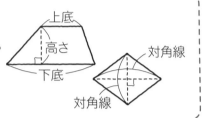

問題 ① 右の台形の面積を求めましょう。

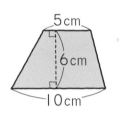

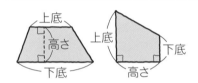

台形の平行な2つの辺を**上底**，**下底**といい，上底と下底に垂直な直線の長さを**高さ**といいます。

左の図のように，台形の面積は，合同な台形を2つ合わせた平行四辺形の面積の半分になります。だから，台形の面積は，(上底＋下底)×高さ÷❶□ で求められます。
　　　　　　　　　↑平行四辺形の底辺

上底が5cm，下底が10cm，高さが6cmだから，

面積は，$\left(5+❷\boxed{}\right)×❸\boxed{}÷2=❹\boxed{}$ (cm²)
　　　　　↑上底　　↑下底　　↑高さ

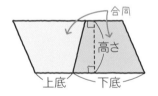

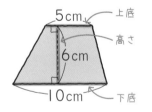

問題 ② 右のひし形の面積を求めましょう。

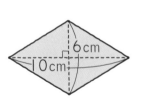

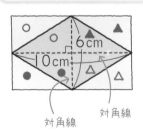

左の図のように，ひし形の面積は，たてと横の長さが対角線の長さと等しい長方形の面積の半分です。

面積は，$6×❺\boxed{}÷❻\boxed{}=❼\boxed{}$ (cm²)
　　　　　↑対角線　　↑対角線(長方形の横)
　　　　(長方形のたて)

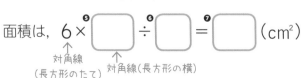

基本練習

1 次の台形やひし形の面積を求めましょう。

(1)
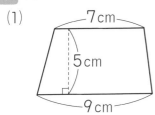

〔　　　　　　　〕

(2)
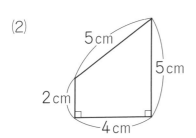

〔　　　　　　　〕

(3)
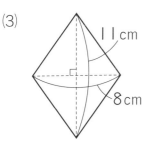

〔　　　　　　　〕

😊 できなかった問題は，復習しよう。

13章 四角形と三角形の面積

算数力アップ ひし形の面積の公式が使える形

ひし形の面積の公式は，対角線が垂直に交わる四角形の面積を求めるときにも使えます。

例
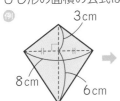

左の長方形の半分と考えると，

$$\frac{(3+6)\times8\div2}{\text{対角線}\quad\text{対角線}}$$

$$=36(\text{cm}^2)$$

正方形でも使えるよ。

面積は，
$$6\times6\div2$$
$$=18(\text{cm}^2)$$

⑫章 図形の角　⑬章 四角形と三角形の面積

1

下の図で，あ，い，う，えの角度を計算で求めましょう。 【各8点　計32点】

(1)

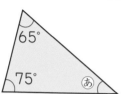

(2)

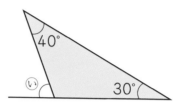

[　　　　　]　　　　　　　　[　　　　　]

(3)

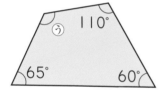

(4)

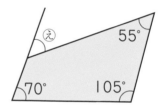

[　　　　　]　　　　　　　　[　　　　　]

2

次の角の大きさの和を求めましょう。 【各9点　計18点】

(1) 七角形

(2) 八角形

[　　　　　]　　　　　　　　[　　　　　]

→ 答えは別さつ16ページ

3 次の平行四辺形の面積を求めましょう。

【各8点　計16点】

(1)
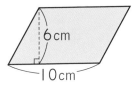

(2)
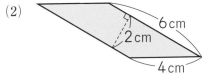

[　　　　　　]　　　　　　[　　　　　　]

4 次の三角形の面積を求めましょう。

【各8点　計16点】

(1)
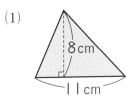

(2)
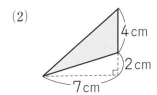

[　　　　　　]　　　　　　[　　　　　　]

5 次の台形とひし形の面積を求めましょう。

【各9点　計18点】

(1)
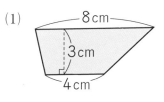

(2)
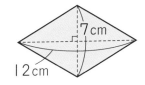

[　　　　　　]　　　　　　[　　　　　　]

43 多角形をくわしく知ろう

→ 答えは別さつ12ページ

ポイント

辺の長さがすべて等しく，角の大きさもすべて等しい多角形を，正多角形（せいたかくけい）と いいます。

正三角形　　正四角形（正方形）　正五角形　　　正六角形　　　正七角形　　　正八角形　　…

問題 ❶ 円を使って，正六角形をかきましょう。

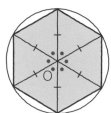

左の図のように，正六角形の6つの頂点は，点O（オー）を中心とする 円の上にあり，点Oから各頂点（かくちょうてん）までの長さは，半径で等しくな っています。また，点Oのまわりにできる6つの角の大きさも すべて等しくなっています。

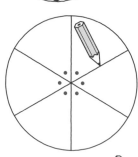

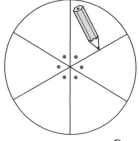

上の正六角形の性質（せいしつ）を使い，次のようにしてかきます。

❶ 円をかきます。

❷ 円の中心のまわりの角を6等分する半径をかきます。 円の中心のまわりの角の大きさは360°だから，1つ

分の角の大きさは，❶ [　　] ° ÷ ❷ [　　] ° = ❸ [　　] °

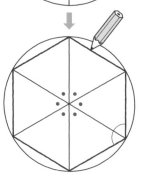

❸ 半径のはしを順に直線で結べば，正六角形の完成です。

円の中心のまわりを 5等分すれば正五角形が， 8等分すれば正八角形がかけるね。

基本練習

1 右の図は，円を使って正五角形をかいたものです。

(1) ⓐの角度は何度ですか。

〔　　　　　　　〕

(2) ⓘの角度は何度ですか。

〔　　　　　　　〕

(3) ⓤの角度は何度ですか。

〔　　　　　　　〕

2 右の円を使って，正八角形をかきましょう。

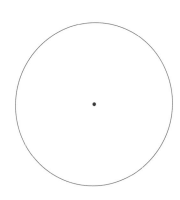

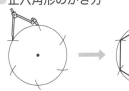 できなかった問題は，復習しよう。

算数力アップ　正六角形の別のかき方

正六角形では，下の図のように，半径と辺で囲まれた6つの三角形は，角の大きさがすべて60°の正三角形です。だから，正六角形の辺の長さは，半径の長さと等しくなります。

そこで，右の図のようにしても，正六角形をかくことができます。

半径と等しい

●正六角形のかき方

カンタンにかけるね。

円のまわりを半径の長さで区切る。

区切った点を順に直線で結ぶ。

14章 正多角形と円

44 円のまわりの長さを求めよう

➡ 答えは別さつ12ページ

ポイント

● 円周（円のまわり）の長さが，直径の長さの何倍になっているかを表す数を，円周率という。円周率＝円周÷直径　円周率は，約3.14。
● 円周の長さは，次の公式で求められる。

円周＝直径×円周率

問題 1 直径6cmの円の，円周の長さを求めましょう。

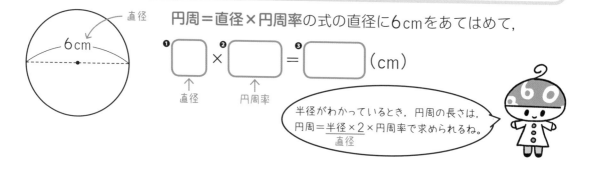

直径

6cm

円周＝直径×円周率の式の直径に6cmをあてはめて，

❶ □ × ❷ □ = ❸ □ （cm）
↑　　　↑
直径　円周率

半径がわかっているとき，円周の長さは，
円周＝半径×2×円周率で求められるね。
　　　直径

問題 2 円周の長さが21.98cmの円の直径の長さを求めましょう。

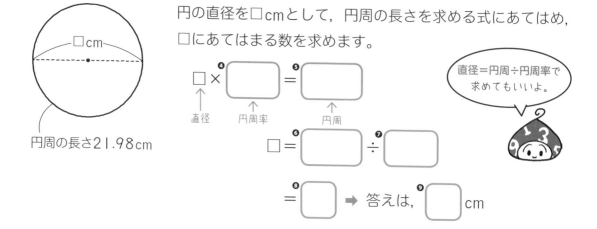

□cm

円周の長さ21.98cm

円の直径を□cmとして，円周の長さを求める式にあてはめ，□にあてはまる数を求めます。

□ × ❹ □ = ❺ □
↑　　　↑　　　　↑
直径　円周率　　円周

直径＝円周÷円周率で求めてもいいよ。

□ = ❻ □ ÷ ❼ □

= ❽ □ ➡ 答えは，❾ □ cm

基本練習

1 次の円の，円周の長さを求めましょう。

(1)

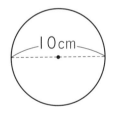

10cm

(2)

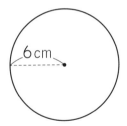

6cm

〔　　　　　　　〕

〔　　　　　　　〕

2 次の長さを求めましょう。

(1)　円周の長さが12.56cmの円の直径の長さ

〔　　　　　　　〕

(2)　円周の長さが25.12cmの円の半径の長さ

〔　　　　　　　〕

😊 できなかった問題は，復習しよう。

14章 正多角形と円

算数力アップ 直径の長さと円周の長さの関係は？

右の図のように，直径を1cm，2cm，…と変えていくとき，
直径の長さ□cmと円周の長さ○cmの関係を調べてみましょう。

1cm

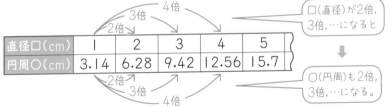

□(直径)が2倍，
3倍，…になると

直径□（cm）	1	2	3	4	5
円周○（cm）	3.14	6.28	9.42	12.56	15.7

2倍　3倍　4倍

○(円周)も2倍，
3倍，…になる。

➡ 円周の長さは，
直径の長さに
比例している。

105

45 いろいろな立体を知ろう

学習日　月　日

→ 答えは別さつ13ページ

ポイント

右の図で，㋐や㋑のような立体を
角柱，㋒や㋓のような立体を円柱
という。

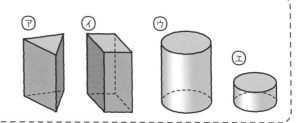

問題❶ 右の三角柱について，次の問題に答えましょう。

(1) 頂点，辺，面の数は，それぞれいくつですか。
(2) 底面に垂直な辺をすべて答えましょう。

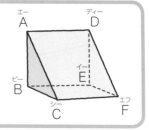

角柱と円柱の各部分の名前や特ちょうをまとめると，次のようになります。

角柱

頂点

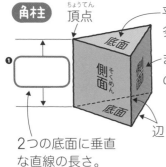

平行に向かい合った2つの合同な
多角形。

まわりの四角形（長方形や正方形）
の面。底面と垂直になっている。

角柱は，底面の形によって，
三角柱，四角柱，五角柱，
…のようにいいます。

❶ □

2つの底面に垂直
な直線の長さ。

円柱

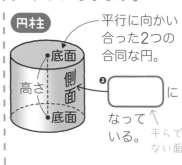

平行に向かい
合った2つの
合同な円。

高さ

❷ □ に
なって
いる。

平らで
ない面

(1) それぞれ数えて調べると，

頂点の数…❸ □ つ　　辺の数…❹ □ つ　　面の数…❺ □ つ

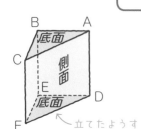

(2) 側面と底面は垂直だから，側面にふくまれる3つの辺は，
どれも底面に垂直です。

したがって，辺❻ □，辺❼ □，辺❽ □ です。

基本練習

1 下の図で，⑴は何という角柱か，⑵は何という立体か〔　　〕に書きましょう。また，各部分の名前を　　　に書きましょう。

(1) 〔　　　　　　　　　〕

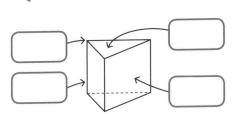

(2) 〔　　　　　　　　　〕

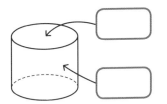

2 右の立体について，次の問題に答えましょう。

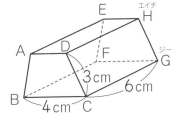

(1) 何という角柱ですか。

〔　　　　　　　　　　　〕

(2) 頂点，辺，面の数は，それぞれいくつですか。

頂点の数…〔　　　　　〕，辺の数…〔　　　　　〕，面の数…〔　　　　　〕

(3) 面ABCDに平行な面はどれですか。

〔　　　　　　　　　〕

(4) 底面に垂直な面はいくつありますか。

〔　　　　　　　〕

(5) この角柱の高さは何cmですか。

〔　　　　　　　〕

できなかった問題は，復習しよう。

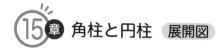

学習日

月　日

46 立体の展開図を調べよう

→ 答えは別さつ13ページ

問題 ❶ 右の三角柱の展開図をかきましょう。

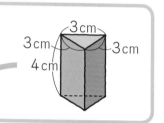

この三角柱の底面は,

1辺が ❶ □ cmの正三角形です。

側面は1つの長方形になり, この長

方形のたての長さは ❷ □ cm, 横の長さは, 底面

のまわりの長さと等しく,

❸ □ cmです。

辺の長さに注意して,
展開図を完成させよう。

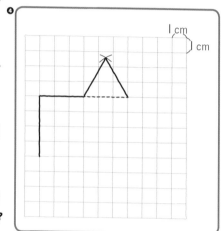

問題 ❷ 右の円柱の展開図で, 側面の長方形の辺ABの長さは何cmですか。

辺ABの長さは,
底面の円周の長さ
と等しくなります。

辺ABの長さは, 円周=直径×円周率より,

❺ □ × ❻ □ = ❼ □ (cm)

↑　　　↑　　　↑
直径　円周率　円周の長さ（辺ABの長さ）

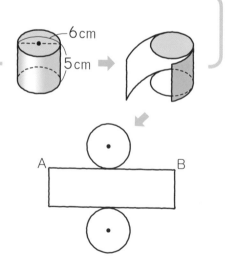

1 下の右の図は，下の角柱の展開図の一部をかいたものです。続きをかいて，展開図を完成させましょう。

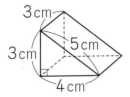

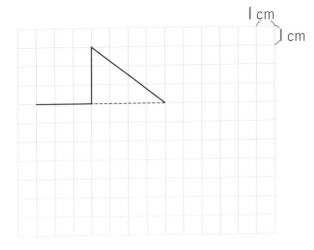

2 右の図は，ある立体の展開図です。

(1) 何という立体の展開図ですか。

[　　　　　　　　]

(2) 辺ABの長さは何cmですか。

[　　　　　]

(3) もとの立体の高さは何cmですか。

[　　　　　]

15章 角柱と円柱

😊 できなかった問題は，復習しよう。

復習テスト 7

14章 **正多角形と円**　15章 **角柱と円柱**

1

円を使って，右の図のような正八角形をかきました。
あ，いの角度はそれぞれ何度ですか。　【各8点　計16点】

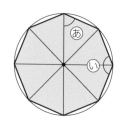

あ〔　　　　　　　〕　い〔　　　　　　　〕

2

右の円を使って，正五角形をかきましょう。

【12点】

3

次の長さを求めましょう。　【各8点　計16点】

(1) 半径8cmの円の円周の長さ

〔　　　　　　　　〕

(2) 円周の長さが15.7cmの円の直径の長さ

〔　　　　　　　　〕

4

右の図は，円を半分に折って切ったものです。
まわりの長さを求めましょう。　【10点】

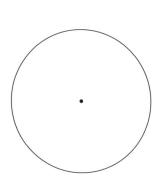

4cm

〔　　　　　　　　〕

→ 答えは別さつ16ページ

5 右の角柱について答えましょう。【各6点　計12点】

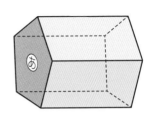

(1) 何という角柱ですか。

〔　　　　　　　　　〕

(2) 面あに垂直（すいちょく）な面はいくつありますか。

〔　　　　　　　　　〕

6 右の図は，ある角柱の展開図（てんかいず）です。

【各6点　計18点】

(1) 何という角柱ですか。

〔　　　　　　　　〕

(2) もとの立体の高さは何cmですか。

〔　　　　　　　　〕

(3) 辺AB（エービー）の長さは何cmですか。

〔　　　　　　　　〕

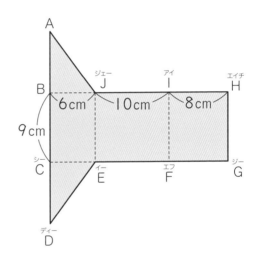

7 右の図のような円柱の展開図を，底面を上下にしてかきます。側面の長方形のたてと横の長さは，それぞれ何cmになりますか。【各8点　計16点】

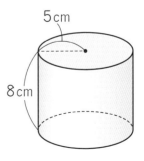

たて〔　　　　　　　　〕　横〔　　　　　　　　〕

小5算数をひとつひとつわかりやすく。 改訂版

編集協力
㈲アルファ企画

カバーイラスト・シールイラスト
坂木浩子

本文イラスト
あわい

ブックデザイン
山口秀昭（Studio Flavor）

DTP
㈱明昌堂
データ管理コード：19-1772-3135

小5算数を
ひとつひとつわかりやすく。
［改訂版］

 解答と解説

 軽くのりづけされているので，
外して使いましょう。

Gakken

01 数のしくみを調べよう

6ページの答え
①5 ②7 ③2 ④4 ⑤3

基本練習 7ページ

1 次の式で、□にあてはまる数を答えましょう。

(1) $291 = 100 \times \boxed{2} + 10 \times \boxed{9} + 1 \times \boxed{1}$
　　　　　　　200　　　　90　　　　1

(2) $3.65 = 1 \times \boxed{3} + 0.1 \times \boxed{6} + 0.01 \times \boxed{5}$
　　　　　　　3　　　　0.6　　　　0.05

(3) $17.08 = 10 \times \boxed{1} + 1 \times \boxed{7} + 0.1 \times \boxed{0} + 0.01 \times \boxed{8}$
　　　　　　　10　　　7　　　　　　　　0.08

(4) $64.9 = \boxed{10} \times 6 + \boxed{1} \times 4 + \boxed{0.1} \times 9$
　　　　　　60　　　　4　　　　0.9

(5) $5.27 = \boxed{1} \times 5 + \boxed{0.1} \times 2 + \boxed{0.01} \times 7$
　　　　　5　　　　0.2　　　　0.07

2 次の式で、□にあてはまる数を答えましょう。

(1) $\boxed{48.2} = \underset{40}{10 \times 4} + \underset{8}{1 \times 8} + \underset{0.2}{0.1 \times 2}$

(2) $\boxed{2.57} = \underset{2}{1 \times 2} + \underset{0.5}{0.1 \times 5} + \underset{0.07}{0.01 \times 7}$

---

02 小数点の移り方を調べよう

8ページの答え
①6810 ②3 ③0.724 ④3

基本練習 9ページ

1 次の数を10倍、100倍、1000倍した数を答えましょう。

(1) 5.714　　5.714
10倍〔 57.14 〕右へ1けた
100倍〔 571.4 〕右へ2けた
1000倍〔 5714 〕右へ3けた

(2) 0.08　　0.08
10倍〔 0.8 〕右へ1けた
100倍〔 8 〕右へ2けた
1000倍〔 80 〕右へ3けた

2 次の数を $\frac{1}{10}$, $\frac{1}{100}$, $\frac{1}{1000}$ にした数を答えましょう。

(1) 40.6　　40.6
$\frac{1}{10}$〔 4.06 〕左へ1けた
$\frac{1}{100}$〔 0.406 〕左へ2けた
$\frac{1}{1000}$〔 0.0406 〕左へ3けた

(2) 13　　13
$\frac{1}{10}$〔 1.3 〕左へ1けた
$\frac{1}{100}$〔 0.13 〕左へ2けた
$\frac{1}{1000}$〔 0.013 〕左へ3けた

3 次の数は、28.4を何倍、または何分の一にした数ですか。28.4

(1) 284　28.4 → 284 右へ1けた 〔 10倍 〕

(2) 2840　28.4 → 2840 右へ2けた 〔 100倍 〕

(3) 0.284　28.4 → 0.284 左へ2けた 〔 $\frac{1}{100}$ 〕

(4) 0.0284　28.4 → 0.0284 左へ3けた 〔 $\frac{1}{1000}$ 〕

---

03 小数をかける計算を考えよう

10ページの答え
①72 ②10 ③10 ④4.32 ⑤100 ⑥100

基本練習 11ページ

1 1.36×5.3の計算をします。□にあてはまる数を書きましょう。

1.36を $\boxed{100}$ 倍、5.3を $\boxed{10}$ 倍して、136×53を計算すると、

136×53=7208

7208を $\boxed{1000}$ でわって、

$1.36 \times 5.3 = \boxed{7.208}$

$1.36 \times 5.3 = \boxed{7.208}$ ← 7.208 左へ3けた

↓100倍 ↓10倍 ↓1000倍 1000でわる。
136 × 53 = 7208

2 次の□にあてはまる数を書きましょう。

(1) $13 \times 0.2 = 13 \times 2 \div \boxed{10}$ ← 0.2を10倍しているから、10でわる。
　　　　↑10倍
$= \boxed{26} \div \boxed{10} = \boxed{2.6}$ ← 2.6 左へ1けた

(2) $2.6 \times 0.5 = 26 \times 5 \div \boxed{100}$ ← 2.6を10倍、0.5を10倍しているから、100(10×10)でわる。
　　↑10倍　↑10倍
$= \boxed{130} \div \boxed{100} = \boxed{1.3}$ ← 1.30 左へ2けた

3 次の計算をしましょう。

(1) $9 \times 0.6 = 9 \times 6 \div 10$
$= 54 \div 10$
$= 5.4$

(2) $30 \times 0.7 = 30 \times 7 \div 10$
$= 210 \div 10$
$= 21$

(3) $0.8 \times 0.4 = 8 \times 4 \div 100$
$= 32 \div 100$
$= 0.32$

(4) $4.2 \times 0.03 = 42 \times 3 \div 1000$
$= 126 \div 1000$
$= 0.126$

---

04 小数のかけ算を筆算でしよう

12ページの答え
①25428 ②25.428 ③1 ④3 ⑤3
⑥10.800 ⑦3 ⑧0.224 ⑨3

基本練習 13ページ

1 次の計算をしましょう。

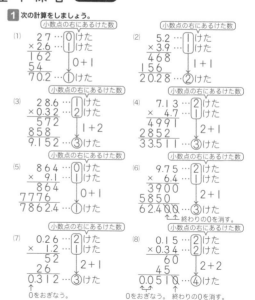

(1) 小数点の右にあるけた数
　27 …0けた
×2.6 …1けた
162
54
70.2 …1けた　0+1

(2) 小数点の右にあるけた数
　5.2 …1けた
×3.9 …1けた
468
156
20.28 …2けた　1+1

(3) 小数点の右にあるけた数
28.6 …1けた
×0.32 …2けた
572
858
9.152 …3けた　1+2

(4) 小数点の右にあるけた数
7.13 …2けた
× 4.7 …1けた
4991
2852
33.511 …3けた　2+1

(5) 小数点の右にあるけた数
864 …0けた
× 9.1 …1けた
864
7776
7862.4 …1けた　0+1

(6) 小数点の右にあるけた数
9.75 …2けた
× 6.4 …1けた
3900
5850
62.400 …3けた　2+1　終わりの0を消す。

(7) 小数点の右にあるけた数
0.26 …2けた
× 1.2 …1けた
52
26
0.312 …3けた　2+1　↑0をおぎなう。

(8) 小数点の右にあるけた数
0.15 …2けた
×0.34 …2けた
60
45
0.0510 …4けた　2+2　↑0をおぎなう。終わりの0を消す。

①4 ②2.5 ③10 ④79 ⑤0.2 ⑥10 ⑦0.2
⑧20 ⑨0.4 ⑩19.6

基 本 練 習 （15ページ）

1 計算のきまりを利用して，くふうして計算します。□にあてはまる数を書きましょう。

(1) $3.2×1.6+1.8×1.6=(3.2+\boxed{1.8})×1.6$ ← ■×▲+●×▲ ＝(■+●)×▲

└─共通─┘

$=\boxed{5}×1.6=\boxed{8}$

15と0.2に分ける。

(2) $\underset{↓}{15.2}×0.4=(15+\boxed{0.2})×0.4$ ← (■+●)×▲ ＝■×▲+●×▲

$=15×\underset{6}{\boxed{0.4}}+\underset{0.08}{\boxed{0.2}}×0.4=\boxed{6.08}$

2 計算のきまりを利用して，くふうして計算しましょう。

(1) $1.9×2.5×4=1.9×(2.5×4)$ ← (■×●)×▲ ＝■×(●×▲)

$=1.9×10$
$=19$

(2) $13.5×6.8-3.5×6.8=(13.5-3.5)×6.8$ ← ■×▲-●×▲ ＝(■-●)×▲

└──共通──┘ $=10×6.8$
$=68$

---

①5 ②4 ③1.25 ④4 ⑤5 ⑥0.8 ⑦4
⑧1.5 ⑨6

基 本 練 習 （17ページ）

1 右の表は，⑦と①の花だんの面積を表したものです。

花だんの面積

	面積（㎡）
⑦	8
①	20

(1) ①の花だんの面積は，⑦の花だんの面積の何倍ですか。

比べられる大きさ もとにする大きさ

$20÷8=2.5$ 〔2.5倍〕

(2) ⑦の花だんの面積は，①の花だんの面積の何倍ですか。

比べられる大きさ もとにする大きさ

$8÷20=0.4$ 〔0.4倍〕

(3) 次の□にあてはまる数を書きましょう。

⑦の花だんの面積を1とみると，①の花だんの面積は $\boxed{2.5}$ にあたり，

①の花だんの面積を1とみると，⑦の花だんの面積は $\boxed{0.4}$ にあたります。

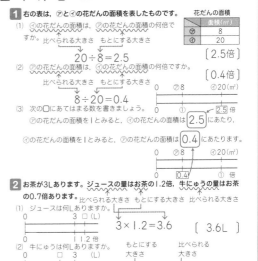

2 お茶が3Lあります。ジュースの量はお茶の1.2倍，牛にゅうの量はお茶の0.7倍あります。

(1) ジュースは何Lありますか。

$3×1.2=3.6$ 〔3.6L〕

(2) 牛にゅうは何Lありますか。

もとにする大きさ 比べられる大きさ

$3×0.7=2.1$ 〔2.1L〕

(3) 次の□にあてはまる数を書きましょう。

お茶の量3Lを1とみたとき，0.7にあたる量は $\boxed{2.1}$ Lです。

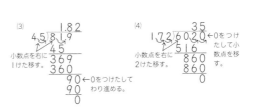
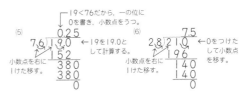

---

①40 ②10 ③10 ④40 ⑤1.4 ⑥10 ⑦10
⑧36.4 ⑨1.4

基 本 練 習 （19ページ）

1 $9.45÷4.5$の計算をします。□にあてはまる数を書きましょう。

わる数を整数にするため，9.45と4.5の両方を $\boxed{10}$ 倍して

計算すると，

$\boxed{94.5}÷45=2.1$

したがって，$9.45÷4.5=\boxed{2.1}$

$9.45÷4.5=\boxed{2.1}$
↓×10 ↓×10 等しい
$94.5÷45=2.1$

2 次の□にあてはまる数を書きましょう。

(1) $8÷0.2=(8×\boxed{10})÷(0.2×\boxed{10})$ わる数を整数にする。

わられる数も10倍する。

$=\boxed{80}÷\boxed{2}=\boxed{40}$

(2) $4.2÷0.06=(4.2×\boxed{100})÷(0.06×100)$ わる数を整数にする。

$=\boxed{420}÷\boxed{6}=\boxed{70}$ わられる数も100倍する。

3 次の計算をしましょう。

(1) $9÷0.3$
$=(9×10)÷(0.3×10)$
$=90÷3$
$=30$

(2) $56÷0.7$
$=(56×10)÷(0.7×10)$
$=560÷7$
$=80$

(3) $3.2÷0.4$
$=(3.2×10)÷(0.4×10)$
$=32÷4$
$=8$

(4) $8.4÷0.02$
$=(8.4×100)÷(0.02×100)$
$=840÷2$
$=420$

---

①2 ②4 ③76 ④15 ⑤152 ⑥5 ⑦42
⑧420

基 本 練 習 （21ページ）

1 わりきれるまで計算しましょう。

(1)
```
        1.6
  2.9)4.6.4
      2 9
      1 7 4
      1 7 4
          0
```
小数点を右に1けた移す。

商の小数点は，わられる数の右に移した小数点にそろえてうつ。

(2)
```
         2.5
  0.37)9.2.5
        7 4
        1 8 5
        1 8 5
            0
```
小数点を右に2けた移す。

(3)
```
         1.82
  4.5)8.1.9
      4 5
      3 6 9
      3 6 0
          9 0 ←0をつけたして
          9 0   わり進める。
            0
```
小数点を右に1けた移す。

(4)
```
          3 5
  1.72)60.20 ←0をつけたして小数点を移す。
        5 1 6
          8 6 0
          8 6 0
              0
```
小数点を右に2けた移す。

(5)
```
         0.25
  7.6)1.9.0 ←19を19.0として計算する。
      1 5 2
      3 8 0
      3 8 0
          0
```
小数点を右に1けた移す。

19<76だから，一の位に0を書き，小数点をうつ。

(6)
```
         7.5
  2.8)2 1.0 ←0をつけたして小数点を移す。
      1 9 6
        1 4 0
        1 4 0
            0
```
小数点を右に1けた移す。

09 小数のわり算のあまりと商を考えよう
本文
22·23
ページ

22ページの答え
① ー　② 0　③ 3　④ 0.2　⑤ 2.4　⑥ 3　⑦ 0.2
⑧ 4.8

基本練習　23ページ

1 商は一の位まで求め，あまりも出しましょう。

(1)
```
        9      あまりの小数点
3.2)30.4       は，わられる数
  28 8         のもとの小数点
   1.6         にそろえてうつ。
```

(2)
```
        29
1.9)56.0       0をおぎなう。
    38
    180
    171
      0.9
```

検算をすると，
3.2×9+1.6=30.4
〔 9あまり1.6 〕

検算をすると，
1.9×29+0.9=56
〔 29あまり0.9 〕

2 商は四捨五入して，上から2けたのがい数で求めましょう。

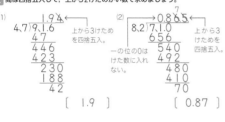

(1)
```
        1.94
4.7)9.1.6      上から3けため
   47          を四捨五入。
   446
   423
   230
   188
    42
```
〔 1.9 〕

(2)
```
        0.865
8.2)7.1.0      上から3
   656         けための
   540         を四捨五入。
   492
   480         一の位の0は
   410         けた数に入れ
    70         ない。
```
〔 0.87 〕

10 小数の倍とわり算を考えよう
本文
24·25
ページ

24ページの答え
① 3.6　② 2.4　③ 1.5　④ 0.8　⑤ 3.6　⑥ 3.6
⑦ 0.8　⑧ 4.5　⑨ 4.5

基本練習　25ページ

1 家から駅までの道のりは3.5km，家から公園までの道のりは1.4kmです。

(1) 家から駅までの道のりは，家から公園までの道のりの何倍ですか。

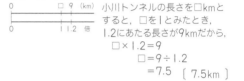
比べられる大きさ　　もとにする大きさ
3.5÷1.4=2.5
〔 2.5倍 〕

(2) 家から公園までの道のりは，家から駅までの道のりの何倍ですか。
比べられる大きさ　　もとにする大きさ
1.4÷3.5=0.4
〔 0.4倍 〕

(3) 家から駅までの道のりを1とみると，家から公園までの道のりはいくつにあたりますか。

```
0    1.4    3.5  (km)
0    0.4    ①   倍
     比べられる大きさ
```
〔 0.4 〕

2 大山トンネルの長さは9kmで，小川トンネルの長さの1.2倍です。
小川トンネルの長さは何kmですか。

 もとにする大きさ

```
0      □     9  (km)
0      1    1.2  倍
```

小川トンネルの長さを□kmとすると，□を1とみたとき，
1.2にあたる長さが9kmだから，
□×1.2=9
□=9÷1.2
　=7.5　〔 7.5km 〕

11 直方体や立方体のかさを表そう
本文
28·29
ページ

28ページの答え
① 3　② 6　③ 4　④ 72　⑤ 4　⑥ 4　⑦ 4　⑧ 64

基本練習　29ページ

1 次の図のような直方体や立方体の体積を求めましょう。

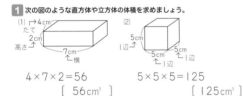

(1)
4×7×2=56
〔 56cm³ 〕

(2)
5×5×5=125
〔 125cm³ 〕

2 右の図のような直方体の体積を求めます。

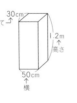

(1) 高さは何cmですか。
1m=100cmだから，〔 120cm 〕
1.2m=120cm

(2) この直方体の体積は何cm³ですか。
30×50×120=180000

> 体積の公式を使うときは，長さの単位をそろえることに注意しましょう。

〔 180000cm³ 〕

12 いろいろな体積を求めよう
本文
30·31
ページ

30ページの答え
① 2.4　② 4　③ 2　④ 19.2　⑤ 15　⑥ 40　⑦ 20
⑧ 12000　⑨ 12

基本練習　31ページ

1 次の図のような立方体と直方体の体積は，それぞれ何m³ですか。

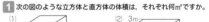

(1)
3×3×3=27
〔 27m³ 〕
　単位に注意

(2)
3×7.2×5=108
〔 108m³ 〕

2 厚さが1cmの板で，右のような直方体の形をした入れ物を作りました。この入れ物の容積を求めます。

(1) 内のりのたて，横，深さは，それぞれ何cmですか。
内側の長さだから，板の厚さをひきます。
22-(1+1)=20
たて〔 20cm 〕　横〔 20cm 〕
深さ〔 30cm 〕
31-1=30

(2) この入れ物の容積は何cm³ですか。
20×20×30=12000
　たて　横　深さ
〔 12000cm³ 〕

(3) この入れ物の容積は何Lですか。
1L=1000cm³だから，
12000cm³=12L
〔 12L 〕

13 くふうして体積を求めよう

32ページの答え
① 3　② 18　③ 2　④ 28　⑤ 18　⑥ 28　⑦ 46
⑧ 7　⑨ 70　⑩ 4　⑪ 24　⑫ 70　⑬ 24　⑭ 46

基 本 練 習　33ページ

1 下の図のような形の体積を求めましょう。

(1)
あと◯に分けて，
あ…(15-4)×5×3＝165
◯…4×10×3＝120
体積は，165＋120＝285

〈別の求め方〉
へこんだ◯の部分もあると考えて，
大きな直方体から◯の部分をひいて，
大きな直方体…15×10×3＝450
◯…(15-4)×(10-5)×3＝165
体積は，450-165＝285　[285cm³]

(2)
あと◯に分けて，
あ…4×(7-2-3)×5＝40
◯…4×7×2＝56
体積は，40＋56＝96　[96cm³]

(3)
くりぬいたあの部分もあると考えて，
大きな直方体からあの部分をひいて，
大きな直方体…9×6×3＝162
あ…4×2×3＝24
体積は，162-24＝138　[138m³]

14 形も大きさも同じ図形を調べよう

34ページの答え
① AB　② 5　③ C　④ 60

基 本 練 習　35ページ

1 下の図で，合同な図形はどれとどれですか。すべて見つけて，記号で答えましょう。

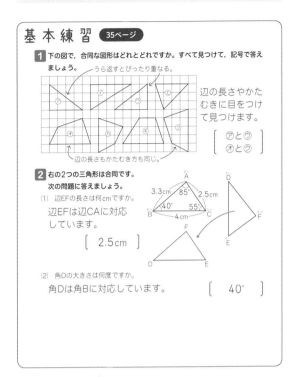

うら返すとぴったり重なる。

辺の長さやかたむきに目をつけて見つけます。

辺の長さもかたむきも同じ。

[⑦と⑰]
[⑰と⑰]

2 右の2つの三角形は合同です。次の問題に答えましょう。

(1) 辺EFの長さは何cmですか。
辺EFは辺CAに対応しています。
[2.5cm]

(2) 角Dの大きさは何度ですか。
角Dは角Bに対応しています。
[40°]

15 合同な三角形をかこう

36ページの答え
① 3　② BA　③ 3　④ C　⑤ 47

基 本 練 習　37ページ

1 次の三角形を□にかきましょう。

(1) 2つの辺の長さが3cm，5cmで，その間の角の大きさが30°の三角形

(例)
②30°の角をかく。
③5.5cmの長さの点をとる。
④直線でつなぐ。
①5cmの辺をかく。

(2) 1つの辺の長さが3.5cmで，その両はしの角の大きさが40°，70°の三角形

(例)
②40°の角をかく。
③70°の角をかく。
①3.5cmの辺をかく。

(3) 3つの辺の長さが6cm，3cm，4.5cmの三角形

(例)
②点Bを中心に半径3cmの円と，点Cを中心に半径4.5cmの円をかく。
③直線でつなぐ。
①6cmの辺をかく。

16 合同な四角形をかこう

38ページの答え
① BCD　② ABD　③

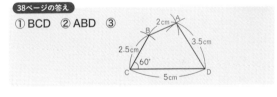

基 本 練 習　39ページ

1 下の四角形と合同な四角形を，□にかきましょう。

まず，三角形ABCをかき，次に辺ADと辺CDの長さを使って，三角形DACをかきます。

2 下の平行四辺形と合同な平行四辺形を，□にかきましょう。

平行四辺形は，向かい合った辺の長さが等しいので，辺ADは3.5cm，辺CDは3cmです。

〈別のかき方〉

平行四辺形は，向かい合う辺は平行だから，左の図のようにかいたあと，点Aを通り辺BCに平行な直線と，点Cを通り，辺ABに平行な直線をひいてもかくことができます。

17 2でわりきれる数とわりきれない数 本文 42・43 ページ

42ページの答え
① 28　② 50　③ 712　④ 3216　⑤ 31　⑥ 99
⑦ 125　⑧ 8047　⑨ 3　⑩ 4

基本練習 43ページ

1 次の数を、偶数と奇数に分けましょう。

一の位の数字は、

1**1**　2**0**　7**2**　14**5**　389**3**　5627**4**
↑　　↑　　↑　　↑　　↑　　↑
奇数　偶数　偶数　奇数　奇数　偶数

偶数〔 20, 72, 56274 〕 奇数〔 11, 145, 3893 〕

2 23, 48, 54, 67は、偶数か奇数か、整数を使った式に表して調べます。
次の問題に答えましょう。

(1) 次の式の続きを書きましょう。

① 23=2×11+1←┐
　 23÷2=11あまり1↑

② 48=2×24↑
　 48÷2=24↑

③ 54=2×27↑
　 54÷2=27↑

④ 67=2×33+1←┐
　 67÷2=33あまり1↑

(2) 偶数はどれですか。すべて答えましょう。

2×□の式で表せる，48と54が偶数
といえます。
2×□+1の式で表せる数は奇数で，
1は，2でわったときのあまりです。　〔 48, 54 〕

---

18 倍数と公倍数を求めよう 本文 44・45 ページ

44ページの答え
① 4　② 8　③ 12　④ ×　⑤ ○　⑥ ×　⑦ ○　⑧ 24
⑨ 48　⑩ 72

基本練習 45ページ

1 次の数の倍数を、小さいほうから順に3つ求めましょう。

(1) 6
6×1=6
6×2=12
6×3=18
　〔 6, 12, 18 〕

(2) 11
11×1=11
11×2=22
11×3=33
　〔 11, 22, 33 〕

2 4と10の公倍数を、小さいほうから順に3つ求めましょう。

10の倍数…………10, 20←最小公倍数
4の倍数かどうか…×　　○
4と10の公倍数は，最小公倍数20の
倍数になるから，
20×1=20
20×2=40
20×3=60
　〔 20, 40, 60 〕

3 (　)の中の数の最小公倍数を求めましょう。

(1) (2, 6)
6の倍数……6, …
2の倍数か
どうか　…○
　〔 6 〕

(2) (6, 8)
8の倍数……8, 16, 24, …
6の倍数か
どうか　…×　×　○
　〔 24 〕

---

19 約数と公約数を求めよう 本文 46・47 ページ

46ページの答え
① 2　② 3　③ 6　④ ×　⑤ ○　⑥ ×　⑦ ×　⑧ 1
⑨ 2　⑩ 4

基本練習 47ページ

1 次の数の約数を全部求めましょう。

(1) 9
3×3
1×9
　〔 1, 3, 9 〕

(2) 30
1, 2, 3, 5, 6, 10, 15, 30
5×6
3×10
2×15
1×30
　〔1, 2, 3, 5, 6, 10, 15, 30〕

2 18と24の公約数を全部求めましょう。

最大公約数
18の約数…………18, 9, 6, …
24の約数かどうか… ×　×　○
18と24の公約数は，最大公約数6の
約数だから，1, 2, 3, 6　〔 1, 2, 3, 6 〕

3 (　)の中の数の最大公約数を求めましょう。

(1) (6, 18)
6の約数………6, …
18の約数か
どうか　　　…○
　〔 6 〕

(2) (16, 24)
16の約数……16, 8, …
24の約数か
どうか　…×　○
　〔 8 〕

---

20 公倍数や公約数を使って 本文 48・49 ページ

48ページの答え
① 公倍数　② 40　③ 公約数　④ 4

基本練習 49ページ

1 高さが5cmの箱Aと，高さが6cmの箱Bを，
右の図のように，それぞれ積んでいきます。

(1) 箱Aと箱Bを積んだときの高さがはじめに
等しくなるのは，高さが何cmのときですか。

高さが等しくなるのは，高さが5と6の公倍数のときで，
高さがはじめに等しくなるのは，最小公倍数のときです。
5と6の最小公倍数は30だから，30cmのときです。　〔 30cm 〕

(2) (1)のとき，箱Aと箱Bは，それぞれ何個積んでいますか。

高さが30cmになるときの箱の個数を求めます。
箱A…30÷5=6
箱B…30÷6=5　　箱A〔 6個 〕 箱B〔 5個 〕

2 ある駅を，電車は9分おきに，バスは12分おきに発車します。午前9時に
電車とバスが同時に発車しました。
次に電車とバスが同時に発車するのは，何時何分ですか。

午前9時の後，電車とバスが同時に発車するのは，9と12の公倍数だけ
時間がたったときで，午前9時の次に同時に発車するのは，最小公倍数だ
け時間がたったときです。
9と12の最小公倍数は36だから，午前9時の
36分後の午前9時36分です。　〔午前9時36分〕

3 りんごが30個，みかんが42個あります。それぞれ同じ数ずつ，あまりが
出ないように，できるだけ多くの子どもに配ります。何人の子どもに配れ
ますか。

あまりが出ないように配るので，子どもの人数は，30と42の約数になり，
同じ数ずつ配れるのは，人数が30と42の公約数のときです。
できるだけ多くの子どもに配るので，最大公約数を求めます。
30と42の最大公約数は6だから，子どもの人数は6人です。　〔 6人 〕

21 分数とわり算の関係は？
本文 50・51 ページ

50ページの答え
①2 ②7 ③2 ④7 ⑤5 ⑥3 ⑦$\frac{5}{3}$

基本練習 51ページ

1 次のわり算の商を分数で表しましょう。

(1) $1 \div 4 = \frac{1}{4}$ 　　　　(2) $3 \div 5 = \frac{3}{5}$

〔 $\frac{1}{4}$ 〕　　　　　　〔 $\frac{3}{5}$ 〕

(3) $13 \div 19 = \frac{13}{19}$ 　　(4) $7 \div 2 = \frac{7}{2}\left(= 3\frac{1}{2}\right)$

〔 $\frac{13}{19}$ 〕 仮分数のままでも、帯分〔$\frac{7}{2}\left(3\frac{1}{2}\right)$〕
数になおしても、どちら
でもよいです。

2 □にあてはまる数を書きましょう。

(1) $\frac{5}{8} = 5 \div \boxed{8}$ 　　(2) $\frac{11}{9} = \boxed{11} \div 9$

3 次の問題に、分数で答えましょう。

(1) 8Lは、3Lの何倍ですか。

比べられる　もとにする
大きさ　　　大きさ　　$8 \div 3 = \frac{8}{3}\left(= 2\frac{2}{3}\right)$

〔$\frac{8}{3}\left(2\frac{2}{3}倍\right)$〕

(2) 4kgは、13kgの何倍ですか。

比べられる　もとにする
大きさ　　　大きさ　　$4 \div 13 = \frac{4}{13}$

〔 $\frac{4}{13}$倍 〕

22 分数と小数，整数の関係は？
本文 52・53 ページ

52ページの答え
①1 ②4 ③0.25 ④0.8 ⑤1.8 ⑥7 ⑦131
⑧6 ⑨6

基本練習 53ページ

1 次の分数を小数や整数で表しましょう。

(1) $\frac{2}{5} = 2 \div 5 = 0.4$ 　　(2) $\frac{7}{2} = 7 \div 2 = 3.5$

〔 0.4 〕　　　　　　〔 3.5 〕

(3) $\frac{15}{3} = 15 \div 3 = 5$ 　　(4) $2\frac{1}{8} = 2 + \frac{1}{8}$ 　$\frac{1}{8} = 1 \div 8$
　　　　　　　　　　　　　　$= 2 + 0.125$ 　$= 0.125$
　　　　　　　　　　　　　　$= 2.125$

〈別の求め方〉

$2\frac{1}{8} = \frac{17}{8} = 17 \div 8 = 2.125$

〔 5 〕 仮分数になおす。　〔 2.125 〕

2 次の小数や整数を分数で表しましょう。

(1) $0.9 = \frac{9}{10}$ 　　　　(2) $0.43 = \frac{43}{100}$
$\frac{1}{10}$の9個分〔 $\frac{9}{10}$ 〕　$\frac{1}{100}$の43個分〔 $\frac{43}{100}$ 〕

(3) $2.7 = \frac{27}{10}\left(2\frac{7}{10}\right)$ 　　(4) $14 = 14 \div 1 = \frac{14}{1}$
$\frac{1}{10}$の27個分

または、$2.7 = 2 + 0.7$
　　　　$= 2 + \frac{7}{10}$
　　　　$= 2\frac{7}{10}\left[\frac{27}{10}\left(2\frac{7}{10}\right)\right]$ 　〔 $\frac{14}{1}$ 〕

23 同じ大きさの分数をさがそう
本文 54・55 ページ

54ページの答え
①2 ②3 ③2 ④12 ⑤3 ⑥3 ⑦3 ⑧4
⑨$\frac{3}{4}$ ⑩3 ⑪4 ⑫$\frac{3}{4}$

基本練習 55ページ

1 次の分数と大きさの等しい分数を2つ答えましょう。

(1) $\frac{1}{3}$ 　$\frac{1}{3} = \frac{2}{6} = \frac{3}{9}$

例〔 $\frac{2}{6}, \frac{3}{9}$ 〕

(2) $\frac{4}{5}$ 　$\frac{4}{5} = \frac{8}{10} = \frac{12}{15}$

例〔 $\frac{8}{10}, \frac{12}{15}$ 〕

2 次の□にあてはまる数を書きましょう。

(1) $\frac{2}{4} = \frac{\boxed{2}}{8} = \frac{5}{\boxed{20}}$ 　　(2) $\frac{6}{10} = \frac{3}{5} = \frac{\boxed{9}}{15}$

3 次の分数を約分しましょう。

(1) $\frac{3}{15} = \frac{3 \div 3}{15 \div 3} = \frac{1}{5}$ 　(2) $\frac{16}{24} = \frac{16 \div 8}{24 \div 8} = \frac{2}{3}$

〔 $\frac{1}{5}$ 〕 24と16の最大公約数の8でわると、
かんたんに約分できます。〔 $\frac{2}{3}$ 〕

(3) $\frac{25}{10} = \frac{25 \div 5}{10 \div 5} = \frac{5}{2}$ 　(4) $2\frac{12}{16} = 2\frac{12 \div 4}{16 \div 4} = 2\frac{3}{4}$

〔 $\frac{5}{2}$ 〕 16と12の最大公約数の4でわると、
かんたんに約分できます。〔 $2\frac{3}{4}$ 〕

24 分数の大きさを比べよう
本文 56・57 ページ

56ページの答え
①9 ②9 ③27 ④5 ⑤5 ⑥10 ⑦7 ⑧7
⑨7 ⑩3 ⑪3 ⑫6 ⑬7 ⑭$\frac{1}{3}$

基本練習 57ページ

1 (　)の中の分数を通分しましょう。

(1) $\left(\frac{2}{3}, \frac{1}{2}\right)$
分母3と2の最小公倍数は6だから、
$\frac{2}{3} = \frac{4}{6}$ 　$\frac{1}{2} = \frac{3}{6}$

〔 $\frac{4}{6}, \frac{3}{6}$ 〕

(2) $\left(\frac{3}{8}, \frac{7}{10}\right)$
分母8と10の最小公倍数は40だから、
$\frac{3}{8} = \frac{15}{40}$ 　$\frac{7}{10} = \frac{28}{40}$

〔 $\frac{15}{40}, \frac{28}{40}$ 〕

(3) $\left(1\frac{5}{12}, 1\frac{3}{8}\right)$
分母12と8の最小公倍数は24だから、
$1\frac{5}{12} = 1\frac{10}{24}$ 　$1\frac{3}{8} = 1\frac{9}{24}$

〔 $1\frac{10}{24}, 1\frac{9}{24}$ 〕

(4) $\left(\frac{3}{4}, \frac{1}{6}, \frac{5}{8}\right)$
分母4、6、8の最小公倍数は24だから、
$\frac{3}{4} = \frac{18}{24}$ 　$\frac{1}{6} = \frac{4}{24}$ 　$\frac{5}{8} = \frac{15}{24}$

〔 $\frac{18}{24}, \frac{4}{24}, \frac{15}{24}$ 〕

2 通分して大小を比べ、□にあてはまる等号や不等号を書きましょう。

(1) $\frac{4}{5} \boxed{<} \frac{13}{15}$
通分すると、
$\frac{4}{5} = \frac{12}{15}$
$\frac{13}{15}$ ◁大きい

(2) $\frac{5}{6} \boxed{>} \frac{7}{9}$
通分すると、
$\frac{5}{6} = \frac{15}{18}$ ◁大きい
$\frac{7}{9} = \frac{14}{18}$

(3) $\frac{10}{12} \boxed{=} \frac{5}{6}$
通分すると、
$\frac{10}{12}$
$\frac{5}{6} = \frac{10}{12}$ ◁等しい

(4) $2\frac{9}{9} \boxed{<} 2\frac{4}{15}$
通分すると、
$2\frac{2}{9} = 2\frac{10}{45}$
$2\frac{4}{15} = 2\frac{12}{45}$ ◁大きい

25 分母がちがう分数のたし算・ひき算
本文 58・59 ページ

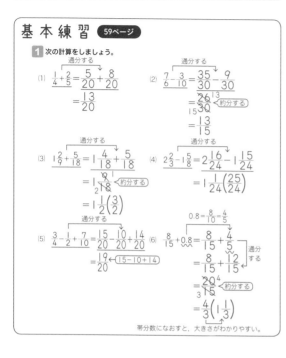

58ページの答え

① 15 ② 8 ③ 23 ④ 9 ⑤ 1 ⑥ 3 ⑦ $\frac{1}{3}$ ⑧ 5

⑨ 6 ⑩ 5 ⑪ 6 ⑫ $\frac{11}{15}$ ⑬ 12 ⑭ 5 ⑮ $\frac{7}{30}$

基 本 練 習　59ページ

1 次の計算をしましょう。

(1)
$$\frac{1}{4}+\frac{2}{5}\overset{\text{通分する}}{=}\frac{5}{20}+\frac{8}{20}$$
$$=\frac{13}{20}$$

(2)
$$\frac{7}{6}-\frac{3}{10}\overset{\text{通分する}}{=}\frac{35}{30}-\frac{9}{30}$$
$$=\frac{26}{30}\text{（約分する）}$$
$$=\frac{13}{15}$$

(3)
$$1\frac{2}{9}+\frac{5}{18}\overset{\text{通分する}}{=}1\frac{4}{18}+\frac{5}{18}$$
$$=1\frac{9}{18}\text{（約分する）}$$
$$=1\frac{1}{2}\left(\frac{3}{2}\right)$$

(4)
$$2\frac{2}{3}-1\frac{5}{8}\overset{\text{通分する}}{=}2\frac{16}{24}-1\frac{15}{24}$$
$$=1\frac{1}{24}\left(\frac{25}{24}\right)$$

(5)
$$\frac{3}{4}-\frac{1}{2}+\frac{7}{10}\overset{\text{通分する}}{=}\frac{15}{20}-\frac{10}{20}+\frac{14}{20}$$
$$=\frac{19}{20}\text{（15−10+14）}$$

(6)
$$\frac{8}{15}+0.8\overset{0.8=\frac{8}{10}=\frac{4}{5}}{=}\frac{8}{15}+\frac{4}{5}$$
$$=\frac{8}{15}+\frac{12}{15}\text{通分する}$$
$$=\frac{20}{15}\text{（約分する）}$$
$$=\frac{4}{3}\left(1\frac{1}{3}\right)$$

帯分数になおすと、大きさがわかりやすい。

---

26 ならした大きさは？
本文 62・63 ページ

62ページの答え

① 280 ② 56 ③ 5 ④ 11 ⑤ 5 ⑥ 2.2

基 本 練 習　63ページ

1 みかん4個の重さをはかったら、次のようになりました。みかんの重さの平均を求めましょう。

105g　97g　100g　106g

$$\underset{\text{合計}}{(105+97+100+106)}\div\underset{\text{個数}}{4}=408\div4=102(g)$$

〔 102g 〕

2 5年1組の人が1週間に図書館から借りた本のさっ数を調べたら、右の表のようになりました。1日に平均何さつ借りたことになりますか。

借りた本のさっ数

曜日	月	火	水	木	金
本の数(さつ)	5	0	4	7	8

1週間の平均のさっ数を求めるので、借りた人が0人の火曜日も日数に入れます。

$$\underset{\text{合計}}{(5+0+4+7+8)}\div\underset{\substack{\text{日数}\\\text{（個数）}}}{5}=24\div5=4.8(さつ)$$

〔 4.8さつ 〕

さっ数のように、ふつうは小数で表せないものも、平均では小数で表すことがあります。

---

27 平均を使ってみよう
本文 64・65 ページ

64ページの答え

① 56 ② 20 ③ 1120 ④ 2800 ⑤ 56 ⑥ 50

⑦ 0.62 ⑧ 110 ⑨ 68.2 ⑩ 68

基 本 練 習　65ページ

1 りんご1個分の重さの平均を240gとします。

(1) このりんご30個の重さは、何kgと考えられますか。

$$\underset{\text{平均}}{240}\times\underset{\text{個数}}{30}=7200(g)\qquad7200g=7.2kg$$

〔 7.2kg 〕

(2) このりんごが12kgあるとき、りんごの個数は何個と考えられますか。

$$12kg=12000g$$
$$\underset{\text{合計}}{12000}\div\underset{\text{平均}}{240}=50(個)$$

〔 50個 〕

2 右の表は、けんたさんが10歩歩いた長さを3回はかった記録です。

10歩いた長さ

1回め	6m42cm
2回め	6m35cm
3回め	6m37cm

(1) けんたさんの歩はばは、約何mですか。四捨五入して、上から2けたのがい数で求めましょう。

3回の平均は、
$$(6.42+6.35+6.37)\div3=19.14\div3=6.38(m)$$
歩はばは、$6.38\div10=0.638$

〔 約0.64m 〕

(2) けんたさんが370歩歩いたときの長さは、約何mですか。

$$0.64\times370=236.8\to約240m$$

歩はばが上から2けたのがい数だから、全体の長さも上から2けたのがい数で表します。

〔 約240m 〕

---

28 どちらがこんでいる？
本文 66・67 ページ

66ページの答え

① 98 ② 14 ③ 7 ④ 66 ⑤ 11 ⑥ 6 ⑦ 北

⑧ 5690 ⑨ 36 ⑩ 160

基 本 練 習　67ページ

1 右の表は、すな場A、Bの面積と、遊んでいる子どもの人数を表したものです。どちらのすな場がこんでいますか。

すな場の面積と子どもの人数

	面積(m²)	人数(人)
A	9	11
B	12	15

1m²あたりの人数は、
A…$11\div9=1.22\cdots(人)$
B…$15\div12=1.25(人)$

1m²あたりの人数の多い、すな場Bのほうがこんでいます。

〔 すな場B 〕

2 右の表は、東市と西市の面積と人口を表したものです。

東市と西市の面積と人口

	面積(km²)	人口(万人)
東市	82	45
西市	130	63

(1) それぞれの人口密度を、四捨五入して上から2けたのがい数で求めましょう。

東市…$450000\div82=5487.8\cdots\to約5500人$
西市…$630000\div130=4846.1\cdots\to約4800人$

〔 東市 約5500人、西市 約4800人 〕

(2) 面積のわりに人口が多いのは、どちらの市ですか。

人口密度の高い東市のほうです。

〔 東市 〕

29 単位量あたりの大きさを使って
 本文 68・69 ページ

68ページの答え

① 175　② 70　③ 2.5　④ 198　⑤ 90　⑥ 2.2
⑦ ゆい　⑧ 8　⑨ 4　⑩ 32　⑪ 96　⑫ 8　⑬ 12

基本練習 69ページ

1 右の表は、じゃがいもをつくっているA、Bの2つの畑の面積と、とれたじゃがいもの重さを表したものです。じゃがいもがよくとれたといえるのは、どちらの畑ですか。

畑の面積ととれたじゃがいもの重さ
	面積(m²)	とれた重さ(kg)
A	50	115
B	75	165

1m²あたりにとれたじゃがいもの重さは、
A…115÷50=2.3(kg)〕とれた重さの多い、
B…165÷75=2.2(kg)〕Aの畑のほうがよくとれたといえます。　〔 **Aの畑** 〕

2 10本で600円のえん筆Aと、8本で520円のえん筆Bでは、1本あたりのねだんはどちらが安いですか。

1本あたりのねだんは、
A…600÷10=60(円)
B…520÷8=65(円)　〔 **えん筆A** 〕

3 ガソリン1Lあたり16km走る自動車があります。

(1) この自動車は、ガソリン30Lで何km走りますか。

16×30=480(km)

〔 **480km** 〕

(2) この自動車が400km走るのに、ガソリンを何L使いますか。

使うガソリンの量を□Lとすると、
16×□=400
　□=400÷16
　　=25

〔 **25L** 〕

---

30 速い・おそいを調べよう
 本文 70・71 ページ

70ページの答え

① 180　② 60　③ 60　④ 150　⑤ 75　⑥ 75
⑦ 75　⑧ 60　⑨ 1.25　⑩ 1.25　⑪ 1250

基本練習 71ページ

1 次の速さを求めましょう。

(1) 4時間で260km走る電車の時速

260÷4=65→時速65km

〔 **時速65km** 〕

(2) 100mを25秒で走った人の秒速

100÷25=4→秒速4m

〔 **秒速4m** 〕

2 分速1.8kmで飛ぶとがいます。

(1) このはとの速さは、時速何kmですか。

分速1.8kmは、1分間あたりに1.8km進む速さだから、1時間（60分間）あたりに進む道のり（時速）は、1.8kmを60倍すれば求められます。

1.8×60=108→時速108km

〔 **時速108km** 〕

(2) このはとの速さは、秒速何mですか。

分速1.8kmは、1分間（60秒間）あたりに1.8km進む速さだから、1秒間あたりに進む道のり（秒速）は、1.8km（1800m）を60でわれば求められます。

1800÷60=30→秒速30m

〔 **秒速30m** 〕

---

31 道のりを求めよう
本文 72・73 ページ

72ページの答え

① 70　② 70　③ 4　④ 280　⑤ 600　⑥ 30
⑦ 18000　⑧ 18

基本練習 73ページ

1 次の問題に答えましょう。

(1) 時速50kmで走るトラックは、3時間で何km進みますか。

50×3=150(km)

〔 **150km** 〕

(2) 分速80mで歩く人は、30分間で何km進みますか。

80×30=2400(m)　　2400m=2.4km

〔 **2.4km** 〕

2 時速540kmで進むリニアモーターカーが、20分間で進む道のりを求めます。

(1) 時速540kmは、分速何kmですか。

時速540kmは、1時間（60分間）あたりに540km進む速さだから、1分間あたりに進む道のり（分速）は、540kmを60でわれば求められます。

540÷60=9→分速9km

〔 **分速9km** 〕

(2) 20分間で進む道のりは何kmですか。

9×20=180(km)

〔 **180km** 〕

---

32 時間を求めよう
本文 74・75 ページ

74ページの答え

① 92　② 460　③ 460　④ 92　⑤ 5　⑥ 5

基本練習 75ページ

1 次の問題に答えましょう。

(1) 時速45kmで進む船があります。この船が270km進むのにかかる時間は何時間ですか。

270÷45=6(時間)

〈別の解き方〉
かかる時間を□時間として、
45×□=270
　□=270÷45
　　=6

〔 **6時間** 〕

(2) 分速75mで歩く人がいます。この人が600m歩くのにかかる時間は何分ですか。

600÷75=8(分)

〈別の解き方〉
かかる時間を□分として、
75×□=600
　□=600÷75
　　=8

〔 **8分** 〕

2 秒速240mで飛ぶ飛行機があります。この飛行機が6km進むのにかかる時間を求めます。

(1) 6kmは何mですか。

1km=1000mだから、6km=6000m　〔 **6000m** 〕

(2) 6km進むのにかかる時間は何秒ですか。

6000÷240=25(秒)

〈別の解き方〉
かかる時間を□秒として、
240×□=6000
　□=6000÷240
　　=25

〔 **25秒** 〕

33 2つの量の関係は？

本文 78・79 ページ

78ページの答え
① 24　② 30　③ 36　④ 2　⑤ 3　⑥ 4　⑦ 2　⑧ 3
⑨ 比例

基 本 練 習　79ページ

1 次の，ともなって変わる2つの量で，○は□に比例しますか。比例するものには○を，比例しないものには×を，〔 〕に書きましょう。

(1) 1本80円のえん筆を□本買うときの，代金○円

本数□（本）	1	2	3	4	5	6
代金○（円）	80	160	240	320	400	480

〔 ○ 〕

□が2倍，3倍，…になると，○も2倍，3倍，…になります。

(2) 正方形の1辺の長さ□cmと，面積○cm²

1辺の長さ □（cm）	1	2	3	4	5
面積 ○（cm²）	1	4	9	16	25

〔 × 〕

□が2倍，3倍，…になっても，○は2倍，3倍，…になりません。

2 正三角形の1辺の長さを，1cm，2cm，3cm，…と変えていきます。1辺の長さが□cmの正三角形のまわりの長さを○cmとしたとき，□と○の関係について，次の問題に答えましょう。

1cm
2cm
3cm

(1) 1辺の長さ□cmとまわりの長さ○cmの関係を，下の表に表しましょう。

1辺の長さ □（cm）	1	2	3	4	5
まわりの長さ○（cm）	3	6	9	12	15

1×3　2×3　3×3　4×3　5×3

(2) 正三角形のまわりの長さ○cmは，1辺の長さ□cmに比例していますか。
□が2倍，3倍，…になると，○も2倍，3倍，…になります。

〔 比例している。 〕

(3) □が10のとき，○はいくつになりますか。
□が1の10倍の10になると，○も3の10倍になるから，
3×10＝30

〔 30 〕

---

34 変わり方を調べよう

本文 80・81 ページ

80ページの答え
① 9　② 11　③ 2　④ 2　⑤ 2　⑥ 20　⑦ 41

基 本 練 習　81ページ

1 4つの辺に1人ずつすわれる正方形の形をしたテーブルがあります。このテーブルを，下の図のように順にならべて増やしていき，そのまわりに人がすわります。テーブルの数が□台のときのすわれる人数を○人として，次の問題に答えましょう。

(1) テーブルの数□台とすわれる人数○人の関係を表に表しましょう。

テーブルの数□（台）	1	2	3	4	5	6
すわれる人数○（人）	4	6	8	10	12	14

2人ずつ増える

(2) テーブルが1台増えると，すわれる人数は何人増えますか。

〔 2人 〕

(3) (2)のわけは，右の図のように考えることができます。この図をもとにして，□と○の関係を式に表します。□にあてはまる数を書きましょう。

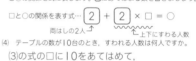

2＋2×1　2＋2×2　2＋2×3

□と○の関係を表す式… 2 ＋ 2 × □ ＝ ○

両はしの2人　上下にすわる人数

(4) テーブルの数が10台のとき，すわれる人数は何人ですか。
(3)の式の□に10をあてはめて，
2＋2×10＝22（人）

〔 22人 〕

---

35 割合を求めよう

本文 82・83 ページ

82ページの答え
① 30　② 50　③ 0.6　④ 0.6　⑤ 60

基 本 練 習　83ページ

1 小数や整数で表した割合を百分率で，百分率で表した割合を小数で表しましょう。

(1) 0.05　0.05×100＝5
〔 5% 〕

(2) 0.17　0.17×100＝17
〔 17% 〕

(3) 3　3×100＝300
〔 300% 〕

(4) 20%　20÷100＝0.2
〔 0.2 〕

(5) 140%　140÷100＝1.4
〔 1.4 〕

(6) 8.6%　8.6÷100＝0.086
〔 0.086 〕

2 次の問題に答えましょう。

(1) 4.5mをもとにした，3.6mの割合はどれだけですか。小数で表しましょう。
もとにする量　比べられる量
3.6÷4.5＝0.8
〔 0.8 〕

(2) 8kgは，32kgの何%ですか。
比べられる量　もとにする量
8÷32＝0.25
〔 25% 〕

---

36 百分率を使って

本文 84・85 ページ

84ページの答え
① 0.4　② 0.4　③ 3.2　④ 0.32　⑤ 0.32　⑥ 8
⑦ 8　⑧ 0.32　⑨ 25　⑩ 25

基 本 練 習　85ページ

1 次の□にあてはまる数を求めましょう。

(1) 20Lの130%は，□Lです。
もとにする量　比べられる量
20Lの130%は，20Lの1.3倍だから，
20×1.3＝26
〔 26 〕

(2) □m²の75%は，60m²です。
もとにする量　比べられる量
□m²の75%（0.75倍）が60m²だから，
□×0.75＝60
□＝60÷0.75
＝80〔 80 〕

2 果じゅうが全体の量の20%ふくまれているジュースがあります。このジュース500mLには，何mLの果じゅうがふくまれていますか。
500mLの20%は，500mLの0.2倍だから，
500×0.2＝100（mL）

0　□　×0.2　500（mL）
0　0.2　×0.2　割合

〔 100mL 〕

3 バスに36人乗っています。これは，定員の60%にあたります。このバスの定員は何人ですか。
定員を□人とすると，
□人の60%（0.6倍）が36人だから，
□×0.6＝36
□＝36÷0.6
＝60

×0.6
0　36　□（人）
0　0.6　1　割合
×0.6

〔 60人 〕

37 割合をグラフで表すと？

本文86・87ページ

①47 ②18 ③9 ④26 ⑤18 ⑥9 ⑦2

⑧ 本の種類調べ

基 本 練 習　87ページ

1 下の帯グラフは、ある学校の通学地区別の人数の割合を表したものです。

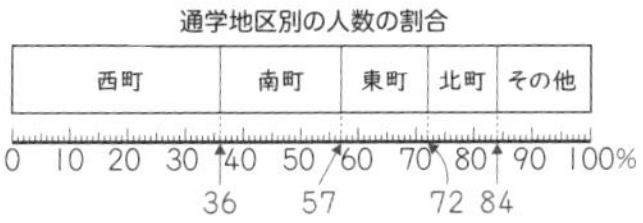

通学地区別の人数の割合

| 西町 | 南町 | 東町 | 北町 | その他 |

0 10 20 30 40 50 60 70 80 90 100%
　　　　36　　57　　　　72 84

(1) 南町の人数の割合は、全体の何%ですか。
めもりの差を求めて、
57−36＝21（%）　　　　〔　21%　〕

(2) 西町の人数は、北町の人数の何倍ですか。
西町は36%、北町は12%だから、
36÷12＝3（倍）　　　　〔　3倍　〕

2 1の通学地区別の人数の割合を、右の円グラフに表しましょう。

各部分の割合にしたがって、
真上から右まわりに半径で →
区切っていきます。

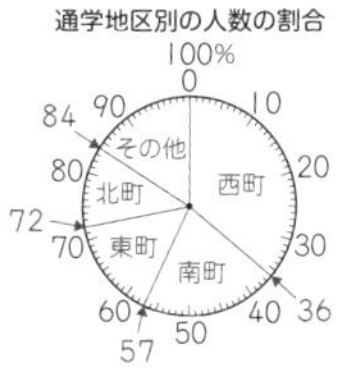

通学地区別の人数の割合

---

38 三角形の角を調べよう

本文90・91ページ

①180 ②70 ③60 ④180 ⑤45 ⑥35
⑦180 ⑧180 ⑨35 ⑩145

基 本 練 習　91ページ

1 下の図で、あ、い、うの角度は何度ですか。計算で求めましょう。

(1) 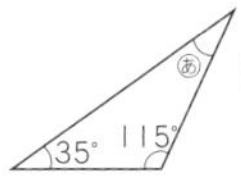
$180°−(35°+115°)=180°−150°$
　　　　　　　　　　　　　$=30°$
〔　30°　〕

(2)
えの角度は、
$180°−100°=80°$
いの角度は、
$180°−(55°+80°)=180°−135°$
　　　　　　　　　　　　　$=45°$
〔　45°　〕

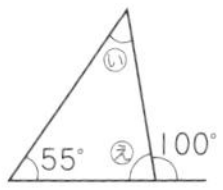

(3) 二等辺三角形 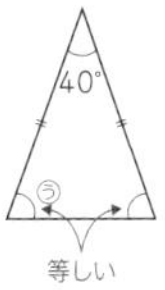
二等辺三角形の2つの角の大きさは
等しいので、うの角度は、
$(180°−40°)÷2=140°÷2$
　　↑うの角度の2倍　　　$=70°$
〔　70°　〕
等しい

---

39 四角形，五角形の角を調べよう

本文92・93ページ

①360 ②80 ③75 ④3 ⑤540

基 本 練 習　93ページ

1 下の図で、あ、い、うの角度は何度ですか。計算で求めましょう。

(1) 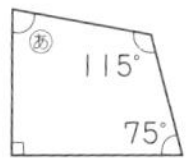
$360°−(90°+75°+115°)$
$=360°−280°$
$=80°$
〔　80°　〕

(2)
えの角度は、$180°−85°=95°$
いの角度は、
$360°−(95°+100°+110°)$
$=360°−305°$
$=55°$
〔　55°　〕

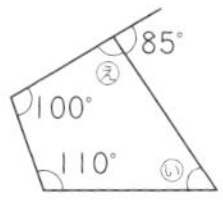

(3) 平行四辺形 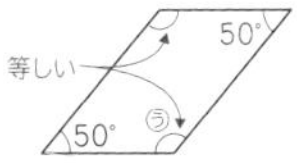
平行四辺形の向かい合う角の大きさ
は等しいので、うの角度は、
$(360°−50°×2)÷2=260°÷2$
　　↑うの角度の2倍　　$=130°$
〔　130°　〕
等しい

2 六角形の6つの角の大きさの和を求めます。

(1) 1つの頂点から対角線をひくと、いくつの
三角形に分けられますか。
右の図のように、4つの
三角形に分けられます。　〔　4つ　〕

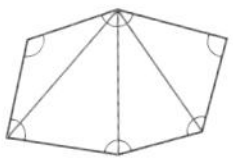

(2) 六角形の6つの角の大きさの和は何度ですか。
$180°×4=720°$
三角形の3つの├─三角形4つ分
角の大きさの和　　　　　　〔　720°　〕

---

40 平行四辺形の面積は？

本文94・95ページ

①高さ ②8 ③6 ④48 ⑤3 ⑥9 ⑦27

基 本 練 習　95ページ

1 右の平行四辺形ABCDについて、次の□に
あてはまる記号を書きましょう。

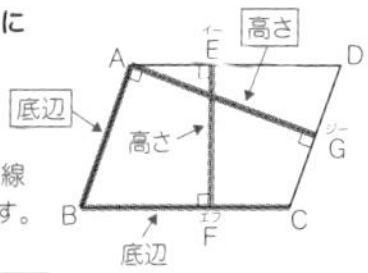

(1) 辺BCを底辺としたとき、高さは
直線 EF の長さです。底辺に垂直な直線
の長さが高さです。

(2) 辺ABを底辺としたとき、高さは直線 AG の長さです。
（GA）

2 次の平行四辺形の面積を求めましょう。

(1)

$9×5=45（cm^2）$
　↑　↑
底辺 高さ
〔　45cm²　〕

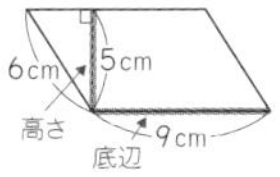

(2)

$9×4=36（cm^2）$
　↑　↑
底辺 高さ
〔　36cm²　〕

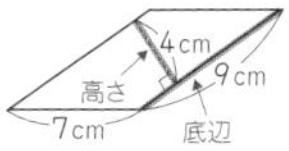

(3) 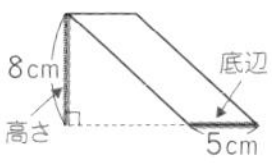
$5×8=40（cm^2）$
　↑　↑
底辺 高さ
〔　40cm²　〕

3 右の図で、アとイの直線は平行です。
あの平行四辺形の面積が54cm²のとき、
いの平行四辺形の面積は何cm²ですか。

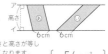

あといは、底辺の長さと高さが等し
いので、面積は等しくなります。　〔　54cm²　〕

41 三角形の面積を求めよう

96ページの答え

①2 ②7 ③4 ④2 ⑤14 ⑥4 ⑦5 ⑧2
⑨10

基 本 練 習 （97ページ）

1 右の三角形ABCについて，次の□にあてはまる
記号を書きましょう。

(1) 辺ABを底辺としたとき，高さは直線 **DC** （CD）
の長さです。底辺と向かい合った頂点
から底辺にひいた垂直な
直線の長さが高さです。

(2) 辺ACを底辺としたとき，高さは直線 **BF** （FB） の長さです。

2 次の三角形の面積を求めましょう。

(1)

$8 \times 6 \div 2 = 24 (cm^2)$
↑底辺 ↑高さ

〔 24cm² 〕

(2)

$4 \times 6 \div 2 = 12 (cm^2)$
↑底辺 ↑高さ

〔 12cm² 〕

42 台形やひし形の面積は？

98ページの答え

①2 ②10 ③6 ④45 ⑤10 ⑥2 ⑦30

基 本 練 習 （99ページ）

1 次の台形やひし形の面積を求めましょう。

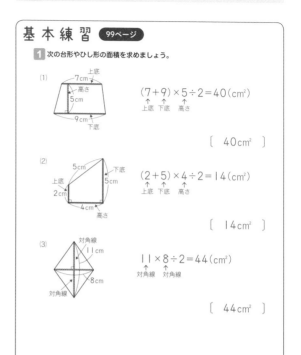

(1)

$(7+9) \times 5 \div 2 = 40 (cm^2)$
↑上底 ↑下底 ↑高さ

〔 40cm² 〕

(2)

$(2+5) \times 4 \div 2 = 14 (cm^2)$
↑上底 ↑下底 ↑高さ

〔 14cm² 〕

(3)

$11 \times 8 \div 2 = 44 (cm^2)$
↑対角線 ↑対角線

〔 44cm² 〕

43 多角形をくわしく知ろう

102ページの答え

①360 ②6 ③60

基 本 練 習 （103ページ）

1 右の図は，円を使って正五角形をかいたものです。

(1) ⓐの角度は何度ですか。
360°を5等分した1つ分だから，
360°÷5=72° 〔 72° 〕

(2) ⓑの角度は何度ですか。
三角形OBAは二等辺三角形だから，
(180°−72°)÷2=54°
三角形の3つの   ⌐ⓐの角度
角の大きさの和 〔 54° 〕

(3) ⓒの角度は何度ですか。
ⓑの角度の2倍だから，
54°×2=108° 〔 108° 〕

2 右の円を使って，正八角形をかきましょう。
❶円の中心のまわりを
360°÷8=45°ずつに
区切って半径をかく。
❷半径のはしを，
順に直線で結ぶ。

44 円のまわりの長さを求めよう

104ページの答え

①6 ②3.14 ③18.84 ④3.14 ⑤21.98
⑥21.98 ⑦3.14 ⑧7 ⑨7

基 本 練 習 （105ページ）

1 次の円の，円周の長さを求めましょう。

(1)
$10 \times 3.14 = 31.4 (cm)$
↑直径 ↑円周率

〔 31.4cm 〕

(2)
$6 \times 2 \times 3.14 = 37.68 (cm)$
↑直径 ↑円周率

〔 37.68cm 〕

2 次の長さを求めましょう。

(1) 円周の長さが12.56cmの円の直径の長さ
直径の長さを□cmとして，
□×3.14=12.56
□=12.56÷3.14
=4 〔 4cm 〕

(2) 円周の長さが25.12cmの円の半径の長さ
直径の長さを□cmとして， 〈別の求め方〉
□×3.14=25.12 半径の長さを□cmとして，
□=25.12÷3.14 □×2×3.14=25.12
=8 □=25.12÷3.14÷2
半径の長さは，8÷2=4 (cm) =4

〔 4cm 〕

45 いろいろな立体を知ろう

本文106・107ページ

106ページの答え

① 高さ　② 曲面　③ 6　④ 9　⑤ 5　⑥ AD　⑦ BE
⑧ CF（⑥～⑧は順不同）

基 本 練 習　107ページ

1 下の図で、(1)は何という角柱か、(2)は何という立体か〔　〕に書きましょう。また、各部分の名前を◻に書きましょう。

(1) 〔 三角柱 〕
↑
底面が三角形の角柱だから.

| 頂点 |
| 辺 |
| 底面 |
| 側面 |
ここも底面

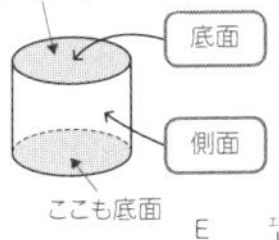

(2) 〔 円柱 〕
↑
底面が円の柱のような形だから.

| 底面 |
| 側面 |
ここも底面

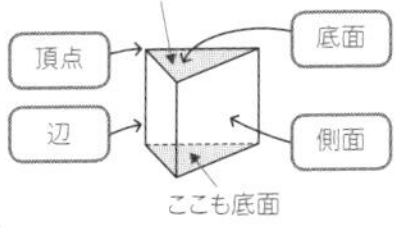

2 右の立体について、次の問題に答えましょう。

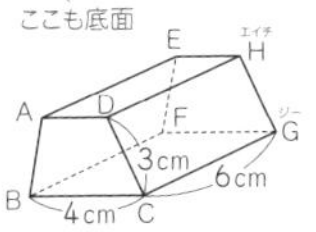

(1) 何という角柱ですか。
底面が四角形の角柱だから、四角柱 〔 四角柱 〕

(2) 頂点、辺、面の数は、それぞれいくつですか。
頂点の数…〔 8つ 〕　辺の数…〔 12 〕　面の数…〔 6つ 〕
　　側面の数×2　　　　側面の数×3　　　　側面の数+2

(3) 面ABCDに平行な面はどれですか。
2つの底面は平行です。　〔 面EFGH 〕

(4) 底面に垂直な面はいくつありますか。
側面は底面に垂直です。
四角柱の側面は4つあります。　〔 4つ 〕

(5) この角柱の高さは何cmですか。
2つの底面に垂直な直線CGの長さが高さです。　〔 6cm 〕

46 立体の展開図を調べよう

本文108・109ページ

108ページの答え

① 3　② 4　③ 9　④ 右の図
⑤ 6　⑥ 3.14　⑦ 18.84

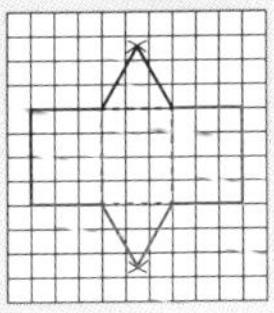

基 本 練 習　109ページ

1 下の右の図は、下の角柱の展開図の一部をかいたものです。続きをかいて、展開図を完成させましょう。

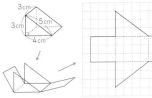

2 右の図は、ある立体の展開図です。

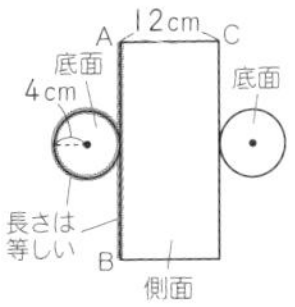

(1) 何という立体の展開図ですか。
底面が円の柱のような形だから、円柱　〔 円柱 〕

(2) 辺ABの長さは何cmですか。
辺ABの長さは、底面の円の円周の長さと等しいから、
$4 \times 2 \times 3.14 = 25.12$（cm）
　↑　↑　　↑
　直径　円周率
〔 25.12cm 〕

(3) もとの立体の高さは何cmですか。
側面の長方形のACの長さが高さです。　〔 12cm 〕

復習テスト ① （本文26～27ページ）

1
(1) ア 8　イ 6　ウ 0　エ 1
(2) ア 52.9　イ 5290
(3) ア 0.746　イ 0.0746

2
(1) 29.61　(2) 42.9　(3) 0.054
(4) 4.8　(5) 0.65　(6) 7.5

ポイント

(3)
```
    0.12
  ×0.45
     60
     48
  0.0540
```

(6)
```
      7.5
2,4)18,0
     168
     120
     120
       0
```

3
(1) 2あまり0.3　(2) 32あまり7.6
(3) 1.7

ポイント

(2)
```
        32
8,2)270,0
    246
     240
     164
      7.6
```

(3)
```
        7
      1.6.5
5,4)8.9.5
     54
     355
     324
      310
      270
       40
```

4
(1) 5.6　(2) 29.4

ポイント

(1) $5.6 \times 0.25 \times 4$
$= 5.6 \times (0.25 \times 4)$
$= 5.6 \times 1$
$= 5.6$

(2) 9.8×3
$= (10 - 0.2) \times 3$
$= 10 \times 3 - 0.2 \times 3$
$= 30 - 0.6 = 29.4$

5 63kg

ポイント

$35 \times 1.8 = 63$（kg）

6 12.5km²

ポイント

B市の面積を◻km²として、
$◻ \times 1.4 = 17.5 \rightarrow ◻ = 17.5 \div 1.4 = 12.5$

1 (1) 60cm³ (2) 512cm³ (3) 30m³

2 248cm³

ポイント

右の図のように分け
て求めると，

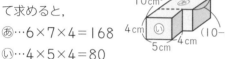

あ…6×7×4=168

い…4×5×4=80

体積は，168+80=248(cm³)

求め方はほかにもいろいろあります。

3 (1) 54000cm³ (2) 54L

ポイント

(1) 30×60×30=54000

(2) 1L=1000cm³だから，54000cm³=54L

4 (1) 4cm (2) 65°

5 それぞれのかき方は，**ポイント** を見ま
しょう。

ポイント

(1) (例)

①5cmの辺をかく。

②35°の角をかく。

③50°の角をかく。

(2) (例)

①3cmの辺をかく。

②50°の角をかき，
4cmの点をとる。

③頂点AとCを直線で
つなぐ。

(3) (例)

三角形ABC，
三角形DAC
と考えて，順
にかく。

1
偶数…0，100，8372

奇数…9，17，471

2
(1) 9，18，27

(2) 1，2，4，8，16，32

(3) ① 最小公倍数…12

　　 最大公約数…4

② 最小公倍数…60

　　 最大公約数…3

3 45秒後

ポイント

次に2つのふん水が同時に水をふき上げるの
は，9と15の最小公倍数だけ時間がたったと
きです。9と15の最小公倍数は45なので，
45秒後になります。

4 (1) 0.8 (2) $\frac{19}{10}\left(1\frac{9}{10}\right)$

ポイント

(1) $\frac{4}{5}=4\div 5=0.8$

(2) $\frac{1}{10}$の19個分だから，$\frac{19}{10}$

5 ア 4 イ 35

6
(1) $\frac{23}{24}$ (2) $\frac{4}{3}\left(1\frac{1}{3}\right)$ (3) $\frac{6}{35}$

(4) $\frac{5}{6}$ (5) $3\frac{7}{24}\left(\frac{79}{24}\right)$ (6) $2\frac{1}{2}\left(\frac{5}{2}\right)$

ポイント

(6) $4\frac{1}{3}-1\frac{5}{6}=4\frac{2}{6}-1\frac{5}{6}$

$=3\frac{8}{6}-1\frac{5}{6}$

$=2\frac{3}{6}=2\frac{1}{2}$

$$4\frac{2}{6}$$
$$=3+1\frac{2}{6}$$
$$=3+\frac{8}{6}$$
$$=3\frac{8}{6}$$

1 2.5個

ポイント

(2＋3＋3＋1＋2＋4)÷6＝2.5(個)

2 5.6kg

3 2組

ポイント

1組…104÷16＝6.5(本)

2組…98÷14＝7(本)

4 約140人

ポイント

9753÷72＝13⁴5.4…→約140人

5 リボンB

6 (1) 時速72km　(2) 分速1200m

ポイント

(2)　72÷60＝1.2(km)　1.2km＝1200m

7 60km

ポイント

2時間＝120分だから，

500×120＝60000(m)→60km

〈別の解き方〉

分速500mは，500×60＝30000(m)で，

時速30kmだから，2時間で進む道のりは，

30×2＝60(km)

8 20分

---

1 (1)

横の長さ□(cm)	1	2	3	4	5	6
面積　○(cm²)	4	8	12	16	20	24

(2) 比例している。

ポイント

　□(横の長さ)が2倍，3倍，…になると，それにともなって○(面積)も2倍，3倍，…になっているので，○は□に比例しています。

2 (1)

積み木の数□(個)	1	2	3	4	5	6
全体の高さ○(cm)	8	13	18	23	28	33

(2) 比例していない。　(3) 3，5

(4) 53cm

ポイント

(4)　3＋5×□＝○の□に10をあてはめて，

○＝3＋5×10＝53→53cm

3 ⑦ 5%　⑦ 0.87　⑦ 72.5%

⑦ 1.6　⑦ 238%

4 (1) 75%　(2) 27kg　(3) 2000㎡

ポイント

(1)　6÷8＝0.75→75%

(2)　150%→1.5，18×1.5＝27(kg)

(3)　公園全体の面積を□㎡として，

35%→0.35だから，

□×0.35＝700

□＝700÷0.35

＝2000→2000㎡

5 ⑦ 18　⑦ 25

土地利用のようす

住たく地	工業地	商業地	その他

0 10 20 30 40 50 60 70 80 90 100%

ポイント

⑦　54÷300＝0.18→18%

⑦　75÷300＝0.25→25%

1 (1) 40° (2) 70° (3) 125°
(4) 50°

ポイント

(1) 180°−(65°+75°)=40°

(2) 180°−(40°+30°)=110°
180°−110°=70°

(3) 360°−(65°+60°+110°)=125°

(4) 360°−(70°+105°+55°)=130°
180°−130°=50°

2 (1) 900° (2) 1080°

ポイント

(1) 1つの頂点から対角線をひくと，5つの三
角形に分けられるから，180°×5=900°

(2) 1つの頂点から対角線をひくと，6つの三
角形に分けられるから，180°×6=1080°

3 (1) 60cm² (2) 12cm²

ポイント

(1) 10×6=60(cm²)

(2) 底辺が6cm，高さが2cmだから，
6×2=12(cm²)

4 (1) 44cm² (2) 14cm²

ポイント

(1) 11×8÷2=44(cm²)

(2) 底辺が4cm，高さが7cmだから，
4×7÷2=14(cm²)

5 (1) 18cm² (2) 42cm²

ポイント

(1) 上底が8cm，下底が4cm，高さが3cmだ
から，(8+4)×3÷2=18(cm²)

(2) 7×12÷2=42(cm²)

1 あ 67.5° ○い 135°

ポイント

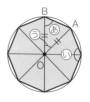

右の図で，○うの角度は，
360°÷8=45°
三角形OABは二等辺三角
形だから，あの角度は，
(180°−45°)÷2=67.5°
○いの角度は，67.5°×2=135°

2 (例)

3 (1) 50.24cm (2) 5cm

ポイント

(2) 円の直径を□cmとして，
□×3.14=15.7→□=15.7÷3.14
=5

4 20.56cm

ポイント

曲線部分の長さ…4×2×3.14÷2=12.56(cm)
まわりの長さ……12.56+4×2=20.56(cm)

5 (1) 五角柱 (2) 5つ

6 (1) 三角柱 (2) 9cm (3) 8cm

7 たて…8cm 横…31.4cm

ポイント

横の長さは，5×2×3.14=31.4(cm)

16